Konstruktionsanalyse im Maschinenbau

Bernd Platz

Konstruktionsanalyse im Maschinenbau

Maschine – Baugruppe – Einzelteil

Bernd Platz
Dresden, Deutschland

ISBN 978-3-658-49358-5   ISBN 978-3-658-49359-2   (eBook)
https://doi.org/10.1007/978-3-658-49359-2

Die Deutsche Nationalbibliothek verzeichnet diese Publikation in der DeutschenNationalbibliografie; detail-
lierte bibliografische Daten sind im Internet über https://portal.dnb.de abrufbar.
© Der/die Herausgeber bzw. der/die Autor(en), exklusiv lizenziert an Springer Fachmedien Wiesbaden GmbH,
ein Teil von Springer Nature 2026

Planung/Lektorat: Eric Blaschke
Springer Vieweg ist ein Imprint der eingetragenen Gesellschaft Springer Fachmedien Wiesbaden GmbH und ist
ein Teil von Springer Nature.
Die Anschrift der Gesellschaft ist: Abraham-Lincoln-Str. 46, 65189 Wiesbaden, Germany

Wenn Sie dieses Produkt entsorgen, geben Sie das Papier bitte zum Recycling.

Vorwort

Dieses Buch entstand aus dem wesentlichen Inhalt der langjährigen Lehrveranstaltungen des Verfassers zu Grundlagen der Konstruktion für Studentinnen und Studenten des Maschinenbaus an der Technischen Universität Dresden, der Dresden International University und der Staatlichen Studienakademie Riesa.

Hauptanliegen des Buches ist es, künftig in der Konstruktion des Maschinenbaus tätige Absolventinnen und Absolventen zu einer systematischen Analyse von ausgeführten technischen Erzeugnissen zu befähigen. Ziel der Analyse ist, die Funktion einer Maschine oder ihrer Baugruppen, deren Vorteile, aber auch Schwachstellen sowie insbesondere Fehler zu erkennen.

Durch frühes Aufdecken von Fehlern (Produktmängeln, die eine Haftung des Herstellers begründen) wird auch ein Beitrag zur Kostenminimierung geleistet.

Das Buch schließt eine Lücke in der Fachliteratur des Maschinenbaus.

Die umfangreichen Publikationen zu Maschinenelementen befassen sich fast ausschließlich mit deren Berechnung.

Monografien zum Methodischen Konstruieren behandeln die systematische Produktentwicklung mit den Phasen des Konstruktionsprozesses Produktplanung, Konzipieren, Entwerfen und Ausarbeiten sowie zum Gestalten der maßgebenden Module Gestaltungsgrundregeln.

Es schließt folgerichtig an die bei Hanser erschienenen Titel „Entwerfen und Gestalten im Maschinenbau" und „Konstruktionspraxis im Maschinenbau" von Hoenow/Meißner an. Bei Herrn Prof. Gerhard Hoenow war der Verfasser langjähriger Oberassistent an der Technischen Universität Dresden und führte nach dessen Ausscheiden die gemeinsam durchgeführten Lehrveranstaltungen „Gestalungslehre" und „Konstruktionskritische Analyse" fort. Ihm gilt der Dank für viele fachliche Anregungen.

Dank gebührt auch den Rechteinhabern der zur Illustration verwendeten Fotos aus dem Internet für die Erteilung entsprechender Abdruckgenehmigungen. Hervorzuheben ist Herr Michael Goff, Senior Bridge & Tunnel Inspector des Oregon Department of Transportation für seine fundierten Ausführungen zu den drei Tacoma Narrows Bridges.

Herrn Eric Blaschke vom Lektorat Maschinenbau im Verlag SpringerVieweg gilt besonderer Dank für seine gründlichen Durchsichten des Manuskripts und viele wertvolle Hinweise und Unterstützungen.

Konkurrierende Interessen Der/die Autor*in hat keine für den Inhalt dieses Manuskripts relevanten Interessenkonflikte.

Inhaltsverzeichnis

Einführung

1

Konstruieren ist das vorwiegend schöpferische, optimale Lösungen anstrebende **Vorausdenken** technischer Erzeugnisse und Schaffung fertigungsreifer **Unterlagen** [1].

Beide Zielstellungen sind in den Begriff **Produktentwicklung** [2] eingegangen.

Das Vorausdenken technischer Erzeugnisse beinhaltet alle Synthese-, Analyse-, Bewertungs- und Selektionstätigkeiten, die notwendig sind, um für eine bestimmte technische Aufgabe eine zu einem bestimmten Zeitpunkt bestmögliche Lösung anzugeben [3].

Im Mittelpunkt des Entwerfens steht das funktionsgerechte Gestalten, jedoch unter ständiger Berücksichtigung der Herstellbarkeit, des fertigungsgerechten Gestaltens. Neben diesen grundlegenden Anforderungen beeinflussen weitere Faktoren die Konstruktion, wie ergonomisches und recyclinggerechtes Gestalten, abhängig von ihrem spezifischen Einsatzgebiet (nach [4]).

Abb. 1.1 demonstriert an einem Bauteil in geschweißter bzw. gegossener Ausführung, ob die Regeln des **fertigungsgerechten Gestaltens** berücksichtigt oder außer Acht gelassen wurden.

Das geschweißte Bauteil berücksichtigt die Fertigung der Einzelteile aus Halbzeugen und die Schweißausführung, z. B. mit unterbrochener Kehlnaht zur Verringerung des Wärmeeintrags.

Das gegossene Bauteil ist eine 1:1-Kopie der Schweißkonstruktion ohne Berücksichtigung der Grundsätze des gießgerechten Gestaltens, z. B. unter Beibehaltung der scharfkantigen Ecken wie bei Halbzeugen.

Beim Bauteil in Abb. 1.2 ist die gegossene Variante dagegen fertigungsgerecht gestaltet.

B. Platz, *Konstruktionsanalyse im Maschinenbau*,
https://doi.org/10.1007/978-3-658-49359-2_1

Abb. 1.1 Schweiß-/
Gussbauteil
Oben: Geschweißtes Bauteil,
schweißgerecht gestaltet
Unten: Gegossene Alternative,
nicht gießgerecht gestaltet

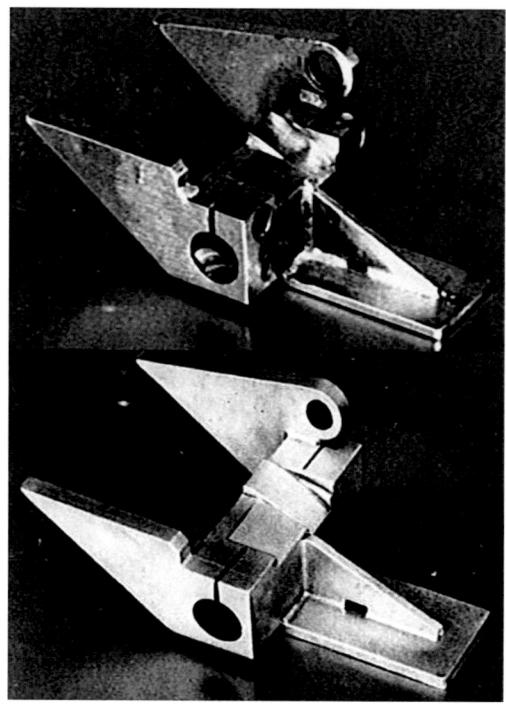

Abb. 1.2 Schweiß-/
Gussbauteil
Oben: Fertigungsgerecht
gestaltetes Schweißbauteil aus
Halbzeugen
Unten: Fertigungsgerecht
gestaltetes Gussbauteil, das
keinen Hinterschnitt und keine
scharfkantigen Ecken aufweist

Das Buch befähigt die Leserinnen und Leser zu einer **systematischen Analyse** von Maschinenbaukonstruktionen. Anhand zahlreicher praxisnaher Beispiele werden Funktionsweisen sowie Verbesserungsmöglichkeiten klar herausgearbeitet. Die diesbezüglich gesammelten Erfahrungen mit einer Vielzahl von Studentinnen und Studenten bestätigen das angestrebte Bildungsziel.

Für Vorgenannte und Fachleute in der Konstruktionspraxis ist es ein unverzichtbares Arbeitsmittel, um bestehende Produktkonstruktionen nicht nur zu verstehen, sondern auch zu verbessern und Inspiration für neue Konstruktionen zu gewinnen.

Literatur

1. Methodisches Entwerfen technischer Produkte. Richtlinie VDI 2223 (2004-01)
2. Pahl, G. und Beitz, W.: Konstruktionslehre, Methoden und Anwendung erfolgreicher Produktentwicklung. Springer 9. Aufl. (2021)
3. Koller, R.: Konstruktionslehre für den Maschinenbau. Springer 4. Aufl. (1998)
4. Hoenow, G. und Meißner, T.: Entwerfen und Gestalten im Maschinenbau. Hanser 5. Aufl. (2022)

Maschine

2

Inhaltsverzeichnis

2.1 Funktionen einer Maschine

Das Produktsicherungsgesetz 9. ProdSV § 2, Absatz 2 der Maschinenverordnung 2006/42/EG bezeichnet „**Maschine**" als eine mit einem anderen Antriebssystem als der unmittelbar eingesetzten menschlichen oder tierischen Kraft ausgestattete oder dafür vorgesehene Gesamtheit miteinander verbundener Teile oder Vorrichtungen, von denen mindestens eines bzw. eine beweglich ist und die für eine bestimmte Anwendung (Funktion) zusammengefügt sind.

Eine Maschine nutzt die zugeführte Energie, um eine bestimmte Art von Arbeit zu verrichten, wie die Bewegung eines Gegenstandes (Werkzeug oder Werkstück) oder das Erzeugen einer Kraft (Presskraft, Zerspankraft, Fügekraft).

Die Idee einer Maschine stammt vom griechischen Philosophen Archimedes von Syrakus im dritten Jahrhundert v. Chr., der Flaschenzüge, Schrauben, Kriegsmaschinen und die Archimedische Schraube erfand.

Sich selbst sah Archimedes allerdings eher als Theoretiker. So erfand er das Hebelgesetz und das Verfahren zur beliebig genauen Annäherung der Kreisberechnungszahl Pi.

© Der/die Autor(en), exklusiv lizenziert an Springer Fachmedien Wiesbaden GmbH, ein Teil von Springer Nature 2026
B. Platz, *Konstruktionsanalyse im Maschinenbau*,
https://doi.org/10.1007/978-3-658-49359-2_2

Henry Maudslay gilt als Begründer des englischen Werkzeugmaschinenbaus, z. B. baute er die erste Leitspindel-Drehbank zur maschinellen Fertigung der von Hand nur außerordentlich schwer und kaum mit reproduzierbarer Genauigkeit herzustellenden Bewegungsschrauben.

Abb. 2.1 zeigt diese **Drehmaschine** mit Kreuzsupport c nach Maudslay sowie Leitspindel a und Wechselrädern b.

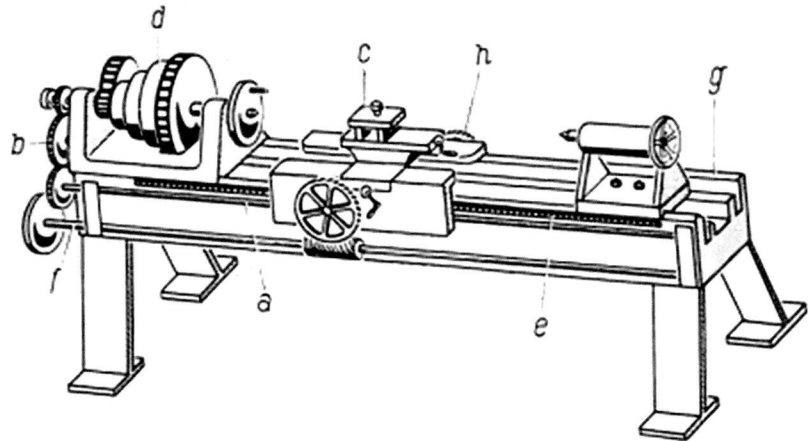

Abb. 2.1 Drehmaschine um 1840

Arten von Maschinen:

- Maschinen zur Rohstoffgewinnung (z. B. Bohrgeräte, Schaufelradbagger)
- Kraftmaschinen zur Energiebereitstellung (z. B. Motoren, Turbinen)
- Arbeitsmaschinen mit mechanischer Einwirkung zur Verarbeitung oder Bearbeitung von Material (z. B. Spritzgießmaschinen, Fräsmaschinen)
- Transportmaschinen zum Güter- und/oder Personentransport (z. B. Kraftfahrzeuge, Flugzeuge)
- Informationsmaschinen zur Informationsverarbeitung und -weiterleitung (z. B. Computer, Telefon)

Für Hand- und Heimwerker unverzichtbar sind elektrische Handwerkzeuge, wie Bohr- und Schleifmaschinen, Akkuschrauber, Kreis- und Stichsägen.

Abb. 2.2 zeigt eine **Schlagbohrmaschine**, die das Bohren in harte und weiche Materialien durch Dreh- und Schlagbewegung ermöglicht.

Abb. 2.2   Schlagbohrmaschine

Es sind 3 Betriebsarten möglich, jeweils mit Drehzahlregelung.

- Bohren ohne Schlag
- Bohren mit Schlag
- Schrauben, Rechts- oder Linkslauf (Festziehen oder Lösen)

Abb. 2.3 zeigt den Aufbau und die Funktionsweise.

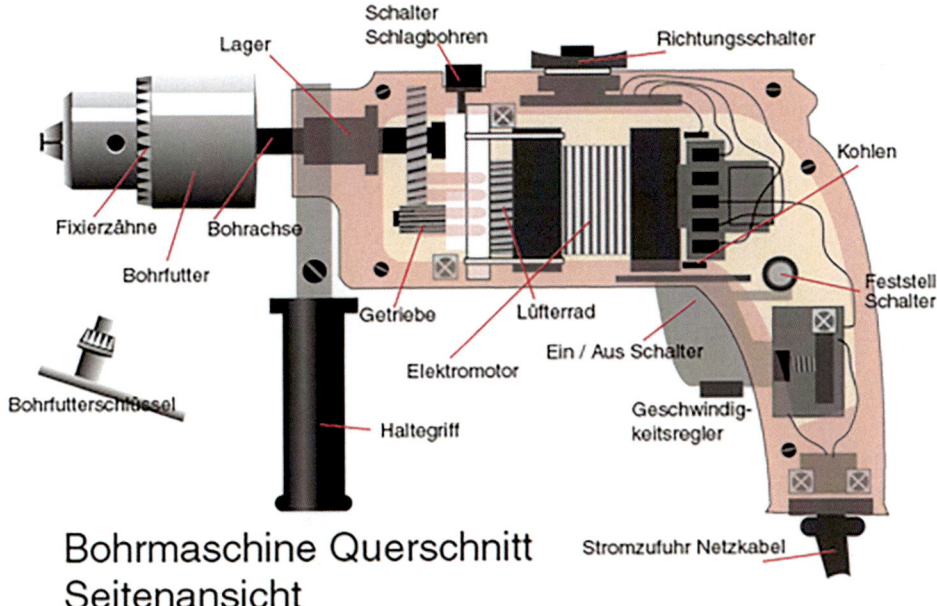

Abb. 2.3   Schlagbohrmaschine – Querschnitt

Ein Elektromotor treibt die Drehbewegung an, wodurch über ein Zahnradgetriebe das Bohrfutter rotiert.

Die Schlagbewegung wird durch ein mechanisches Schlagwerk erzeugt.

Dieses besteht aus zwei ineinander greifende schrägverzahnte Zahnscheiben (Abb. 2.4).

Abb. 2.4   Schlagwerk einer Schlagbohrmaschine

Drückt man die Maschine gegen ein Werkstück, werden die Zahnscheiben durch den Anpressdruck aneinandergepresst. Dabei gleiten die Zähne der sich drehenden Scheibe über die Zähne der feststehenden Scheibe und rasten in die Zahnlücken ein. Diese kontinuierlichen Einrastbewegungen erzeugen eine Hin- und Herbewegung der Bohrachse, die das Schlagen verursacht.

Diese Maschine enthält eine Reihe von Baugruppen und Maschinenelementen, wie sie in fast allen Maschinen auftreten:

- Basiselement (Gehäuse)
- Antriebselement (Elektromotor)
- Elemente zur Kraft- und Bewegungsleitung:
  - Wellen (Motorwelle, Bohrachse)
  - Zahnräder (Getriebe, Schlagwerk)
- Führungselement (Lager)
- Werkzeugaufnahme (Bohrfutter)
- Verbindungselemente (Schrauben)
- mechanische Bedienungselemente (Haltegriff, Bohrfutterschlüssel)
- Elektrik (Netzkabel, diverse Schalter und Regler)
- Kühleinrichtung (Lüfterrad)

Im Mittelpunkt des Entwerfens eines technischen Erzeugnisses steht die Erfüllung der **Funktion** unter ständiger Berücksichtigung der Herstellbarkeit (nach [8]).

Eine Funktion ist der allgemeine und gewollte Zusammenhang zwischen Eingang und Ausgang eines Systems mit dem Ziel, eine Aufgabe zu erfüllen [9].

Abb. 2.5 stellt diesen Zusammenhang an der Black-Box des **Fräsens** eines Werkstücks dar. In der Metallverarbeitung ist das Fräsen neben dem Drehen ein wesentlicher Teil der spanenden Fertigungstechnik.

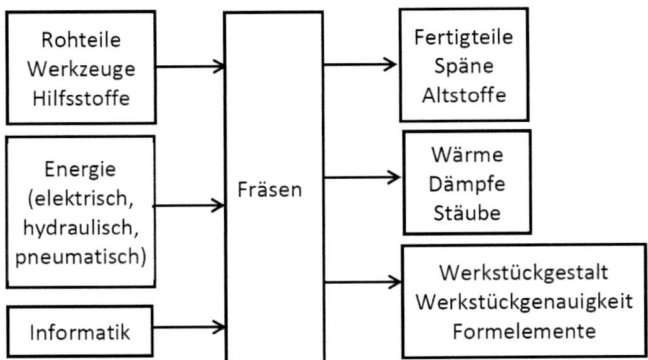

Abb. 2.5 Black-Box Fräsen

Die **Black Box** ist die Abbildung einer grundlegenden Funktion oder des wesentlichen Zwecks eines Systems und seiner Interaktion mit der Umwelt, ohne dabei den inneren Aufbau des Systems zu betrachten [1].

Neben dem Begriff Funktion sollen hier die Begriffe **Hauptfunktion, Teilfunktion, Funktionsstruktur** und **Funktionsbeschreibung** behandelt werden.

Die **Funktionsstruktur** ist die Anordnung und meist netzwerkartige Verknüpfung einzelner Funktionen zu einer oder mehreren komplexen Funktionen, z. B. zur Gesamtfunktion [1].

Hauptfunktion ist bei diesem Beispiel das Fräsen.

Eingangsgrößen sind insbesondere Rohteile und Werkzeuge sowie Energie und Informatik (Maschinensteuerung).

Ausgangsgrößen sind insbesondere die Fertigteile mit ihrer Gestalt und Genauigkeit sowie Späne, Altstoffe und Begleitprodukte.

Teilfunktionen sind Funktionen einer Funktionsstruktur, deren Zusammenwirken die Gesamtfunktion ergibt.

Verfahrensbeschreibung Fräsen
Fräsen zählt nach DIN 8589-3 zu den Trennverfahren mit geometrisch bestimmten Schneiden.

Es ist ein spanender Prozess mit meist mehrzahnigen speziellen Schneidwerkzeugen, die vom Hauptantrieb mit Getriebe über die Frässpindel in Rotation versetzt werden.

Mit diesen Schneidwerkzeugen trägt die Fräsmaschine Material von einem Werkstück spanend ab, um es in die gewünschte Form zu bringen.

Typische Formelemente sind ebene Oberflächen, aber auch Nuten und Führungen für bewegte Maschinenteile.

Dem Fräsen stehen mindestens drei Vorschubrichtungen des Maschinentisches zur Verfügung, wodurch auch komplexe räumliche Körper hergestellt werden können.

Nach DIN 69651 werden Werkzeugmaschinen definiert als mechanisierte und mehr oder weniger automatisierte Fertigungseinrichtungen, die durch relative Bewegung zwischen Werkstück und Werkzeug eine vorgegebene Form am Werkstück oder eine Veränderung einer vorgegebenen Form an einem Werkstück erzeugen.

Abb. 2.6 zeigt die Funktionsstruktur einer Fräsmaschine mit ihren Hauptbaugruppen und Teilfunktionen.

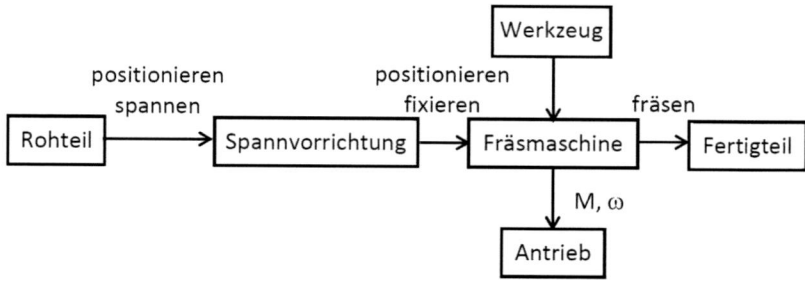

Abb. 2.6 Fräsmaschine – Funktionsstruktur

Abb. 2.7 zeigt wichtige Baugruppen einer **Fräsmaschine**.

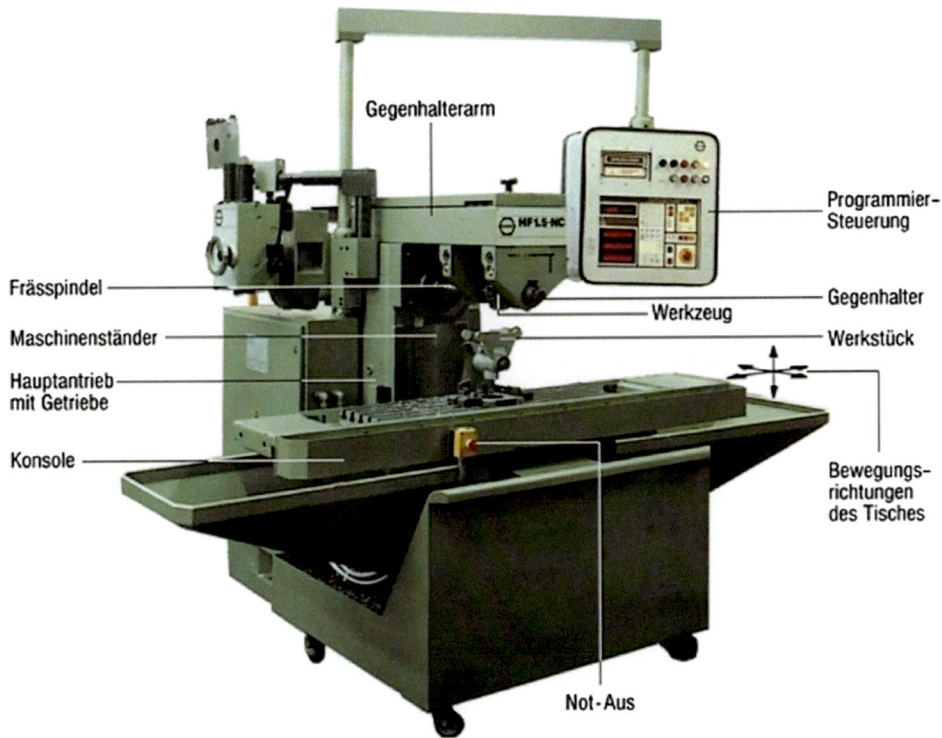

Abb. 2.7 Vertikal-Fräsmaschine

Die Fräsmaschine ist eine Werkzeugmaschine, die zum Ausführen von span-abhebenden Trennvorgängen verwendet wird.

Sie besteht aus einem Maschinenständer, dem Hauptantrieb (Antrieb der Frässpindel) und dem Vorschubantrieb, dem Frästisch zum Aufspannen des Werkstücks sowie dem Schlitten zur Verstellung des Frästisches.

Diese moderne Fräsmaschine ist mit einer computergesteuerten CNC-Steuerung aus-gerüstet, die eine automatisierte Fertigung von komplizierten, benutzerdefinierten Geo-metrien ermöglicht.

Für die **Funktionsbeschreibung einer Baugruppe** wird folgende Systematik vor-geschlagen:

1. **Funktion der Baugruppe im übergeordneten System**
   – Hauptfunktion: z. B. Fräsen
   – Sekundärfunktion(en): z. B. Positionieren des Werkstücks
   – Nebenbedingung(en): z. B. einfache Bedienbarkeit

- Teilfunktionen/Funktionsstruktur:

z. B. Fixieren der Spannvorrichtung am Maschinentisch

z. B. Positionieren und Spannen des Werkstücks

2. **Energiefluss in der Baugruppe**
   - z. B. Kraftfluss der Spannkraft
   - z. B. Kraftfluss der Zerspankraft
3. **Baustruktur**
   - Zuordnung der Bauelemente zu den Teilfunktionen

     z. B. Spindel zum Verstellen
   - Konstruktive Ausführung der Bauelemente

     z. B. Maschinenständer Gussteil
4. **Montage**
   - Fügevorgänge

     z. B. Schraubverbindung
   - Handhabeprozesse

     z. B. Zuführung des Werkstücks
   - Justieren

     z. B. Positionieren der Spannvorrichtung
   - Hilfsoperationen

     z. B. Kühlmittelzufuhr

2.2   Funktionsanalyse

Aus betriebswirtschaftlicher Sicht ist die Funktionsanalyse ein Controlling-Instrument und wichtiger Teil der Wertanalyse. Sie liefert strukturierte und übersichtlich aufbereitete Informationen.

Die **Funktionsanalyse** läuft in vier Schritten ab:

- Abstrakte Beschreibung des Produkts (Funktionsstruktur)
- Erfassen aller Funktionen (Haupt- und Sekundärfunktionen), die eine Optimierung ermöglichen;
- Entwickeln von Ideen und Lösungsansätzen (Wirkprimzipien, Wirkstruktur).
- Bewerten der abstrakten Lösungsansätze und Auswahl der geeigneten Lösungsvorschläge zur konkreten Umsetzung (Baustruktur).

Beispielhaft soll eine **Arbeitsmaschine** zur Nahtschweißung analysiert werden.

Funktionselemente einer Arbeitsmaschine:

- Stützelement (z. B. Maschinengestell, Reitstock)
- Antriebselement (z. B. Elektromotor)

- Übertragungselement (z. B. Kupplung, Welle, Zahnrad)
- Arbeitselement (z. B. Schweißaggregat)
- Steuerelement (z. B. Relais, SPS)

Abb. 2.8 zeigt die **Maschine zur Rundnahtschweißung** von Anhängerachsen (Strich-Zweipunktlinie) verschiedener Größen (Roßweiner Achsen-, Federn- und Schmiede-werke bis 2020).

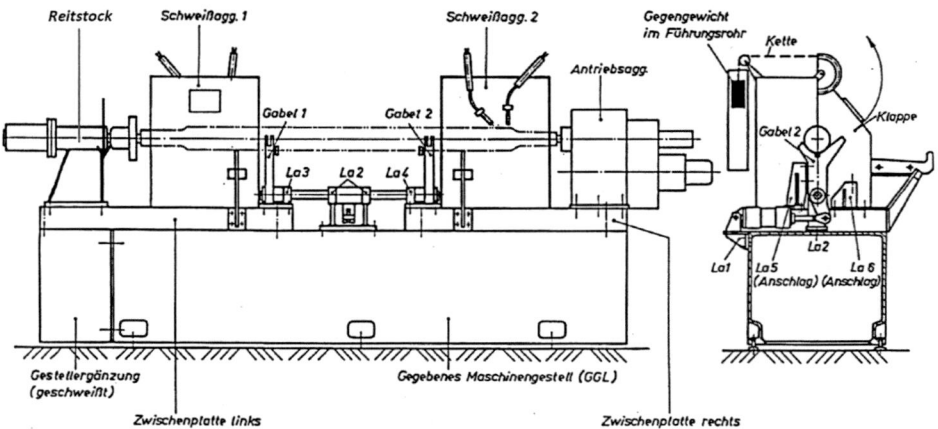

Abb. 2.8 Maschine zur Rundnahtschweißung

Abb. 2.9 stellt die Funktionsstruktur dieser Maschine dar.

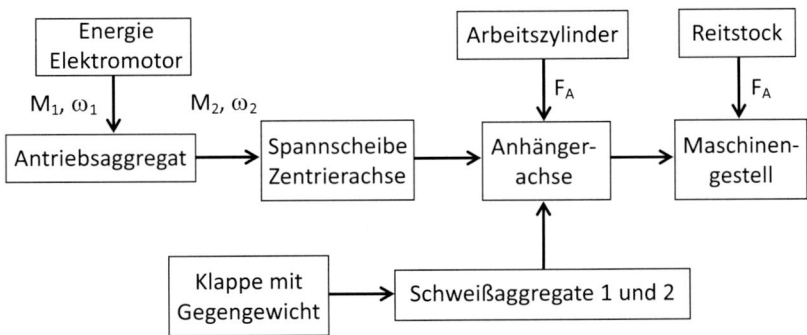

Abb. 2.9 Maschine zur Rundnahtschweißung – Funktionsstruktur

Abb. 2.10 zeigt das **Antriebsaggregat** der Schweißmaschine mit Elektromotor 1, Arbeitszylinder 2, Welle W1 und Hohlwelle W2.

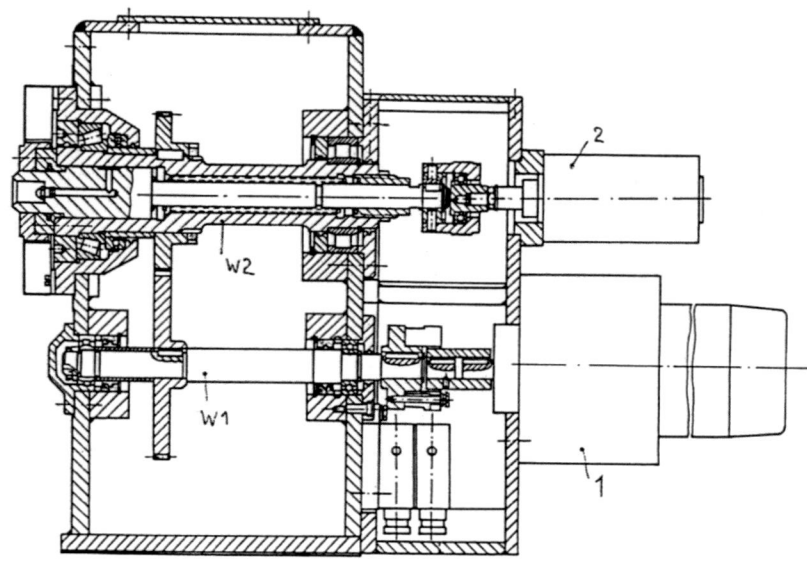

Abb. 2.10 Antriebsaggregat der Schweißmaschine

Funktionsanalyse der Schweißmaschine

Hauptfunktion:
- Schweißen der Anhängerachse (Achsschenkel links und rechts an Achskörper)

Sekundärfunktionen:

- Lagerung der Anhängerachse zwischen Antriebsaggregat und Reitstock
- Rotation der Anhängerachse

Energiefluss im Antriebsaggregat:

- Elektromotor 1 treibt über eine Kupplung Welle W1 an.
- Über eine Passfeder wird das auf der Welle W1 sitzende Zahnrad angetrieben.
- Dieses Zahnrad überträgt die Rotationsbewegung auf das auf der Hohlwelle W2 sitzende Zahnrad.
- Dieses wiederum treibt über eine Passfeder die Hohlwelle W2 an.
- Von der Hohlwelle W2 wird die Rotationsbewegung über die stirnseitige Spannscheibe, gegen die die Anhängerachse gedrückt wird, kraftschlüssig auf die Anhängerachse übertragen.

Baustruktur:

- Der auf der geschweißten Gestellergänzung sitzende Reitstock bringt die axiale Spannkraft auf, dessen Pinole übernimmt die linksseitige Zentrierung der Anhängerachse.
- Die rechtsseitige Zentrierung der Anhängerachse realisiert der Arbeitszylinder 2, indem er bei Betätigung die in der Hohlwelle W2 befindliche Zentrierachse über eine Kupplung nach links verschiebt.
- In die Schweißposition werden die Achskörper einschließlich der angehefteten Achsschenkel mittels der Gabeln 1 und 2 befördert, indem diese von der horizontalen Ablageposition in die Schweißposition schwenken.
- Vor Einleiten des Schweißprozesses werden die Klappen als Sichtschutz für die Lichtbögen geschlossen.

2.3   Funktionsstruktur

Ausgang und Ziel des **Konstruktionsprozesses** sowie auf diesen wirkende Umstände und eventuelle Nebenwirkungen stellt die Black-Box in Abb. 2.11 dar (nach Stelzer [2]).

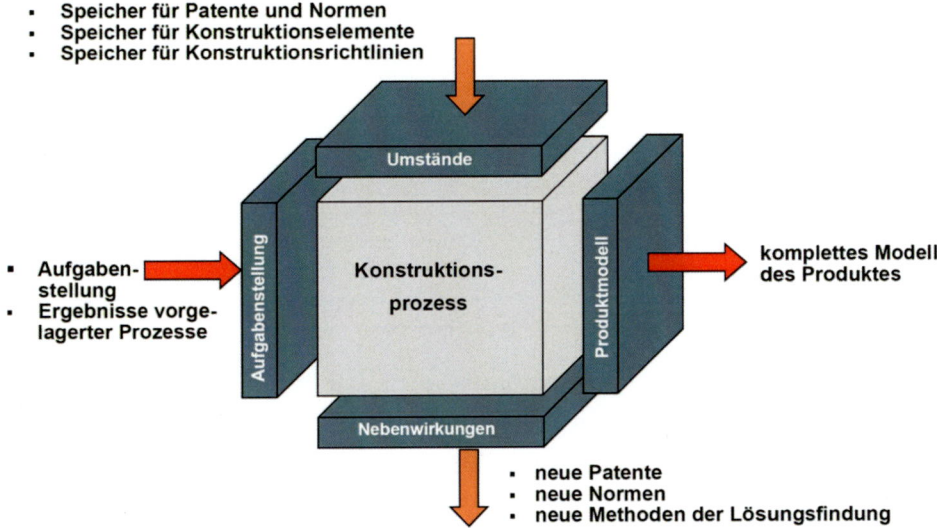

Abb. 2.11   Black-Box Konstruktionsprozess

Eingang: Aufgabenstellung

Die Entwicklung der Aufgabenstellung bildet den Einstieg in die Arbeitsabschnitte für die Produktentwicklung und ist dieser gewissermaßen vorgelagert. Die Struktur der Aufgabenstellungsebene setzt sich aus den Komponenten Vorgehensweisen sowie Werkzeuge und Funktionen zusammen. Die Vorgehensweise beinhaltet die Arbeitsschritte Aufgabe formulieren, charakterisieren, klären und definieren, klassifizieren, präzisieren und strukturieren [3].

Ausgang: Produktmodell

Im Produktmodell werden alle produktdefinierenden Informationen abgebildet, die im Produktentwicklungsprozess definiert werden.

Somit ist das Produktmodell die konzeptionelle Ausprägung des Produkts.

Funktionserfüllung (bei Normalbetrieb, Montagebetrieb)
Gestalt (Lage, Form, Genauigkeit)
Montage (Einbauraum, Zugänglichkeit)
Berechnung (Festigkeit, Stabilität, Verformung, Verschleiß, Lebensdauer)
Qualitätssicherung (Qualitätsstandards einhalten, Risiko minimieren)
Kosten (Konstruktionskosten, Fertigungskosten, Betriebskosten)
Disposition (Materialfluss, Maschinenauslastung, Warenausgang)

Funktionsbereiche, Systemklassen und Konkretisierungsstufen zeigt die 3D-Darstellung in Abb. 2.12 (nach Luck/Fronius/Klose [8]).

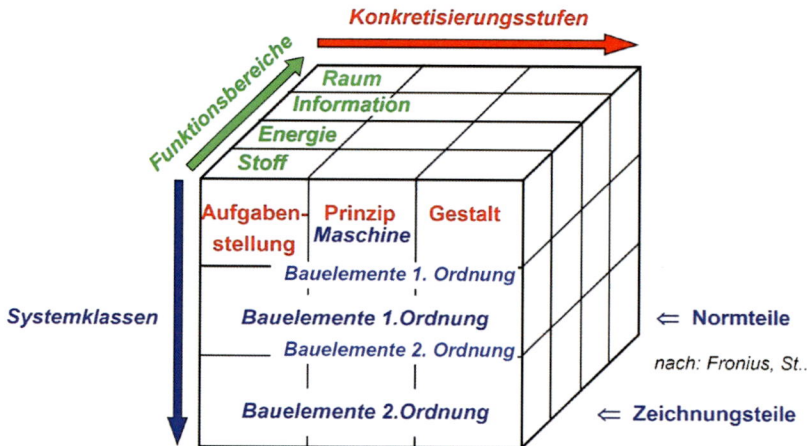

Abb. 2.12 Funktionsbereiche, Systemklassen, Konkretisierungsstufen

Funktionsbereiche

Eine Maschine ist ein technisches Gebilde mit durch ein Antriebssystem bewegten Teilen.

Dazu muss Energie zugeführt werden.

Arbeitsmaschinen dienen der Verarbeitung oder Bearbeitung von Material. Dazu muss Stoff (z. B. Rohmaterial) zugeführt werden.

Maschinen und Geräte können mittlerweile viel mehr, als einfach nur physikalische Prozesse durchzuführen – sie können bei der Prozessausführung assistieren oder sie sogar komplett selbst bestimmen.

Dazu sind Steuerungen und Informationssysteme erforderlich.

Die räumliche Anordnung der verschiedenen mechanischen Elemente einer Maschine orientiert sich an verschiedenen Gesichtspunkten, z. B. an der Bedienung durch den Menschen.

Systemklassen

Eine Maschine enthält sowohl Standardteile (z. B. Normteile), die gesondert als Massen-artikel produziert werden (nach Fronius Bauelemente 1. Ordnung) als auch individuell an-gefertigte Einzelteile, wie Gestelle und Gehäuse (nach Fronius Bauelemente 2. Ordnung).

Konkretisierungsstufen

In Abb. 2.13 wird ein allgemein anwendbares Vorgehen beim Entwickeln und Konstruieren nach VDI 2221 [1] vorgestellt und den Konstruktionsphasen nach Pahl/Beitz [2] und Roth [5] gegenübergestellt.

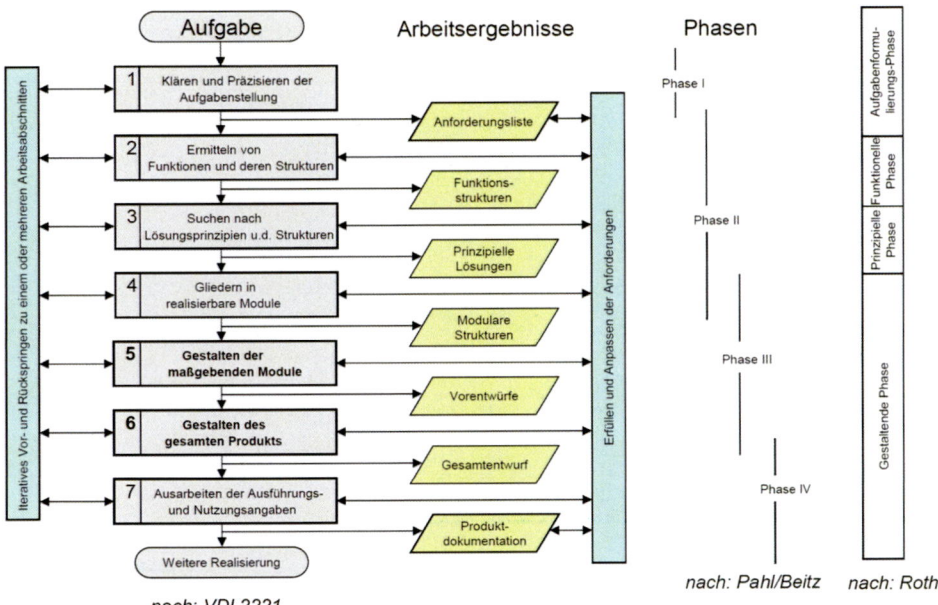

Abb. 2.13 Vorgehen beim Entwickeln und Konstruieren

Unter Zugrundelegung dieses Vorgehens zeigen Pahl/Beitz in Abb. 2.14 [2]
Zusammenhänge im Konstruktionsprozess technischer Systeme am Beispiel einer
Lamellenkupplung auf, die in ihrer Reihung gleichzeitig Konkretisierungsstufen dar-
stellen.

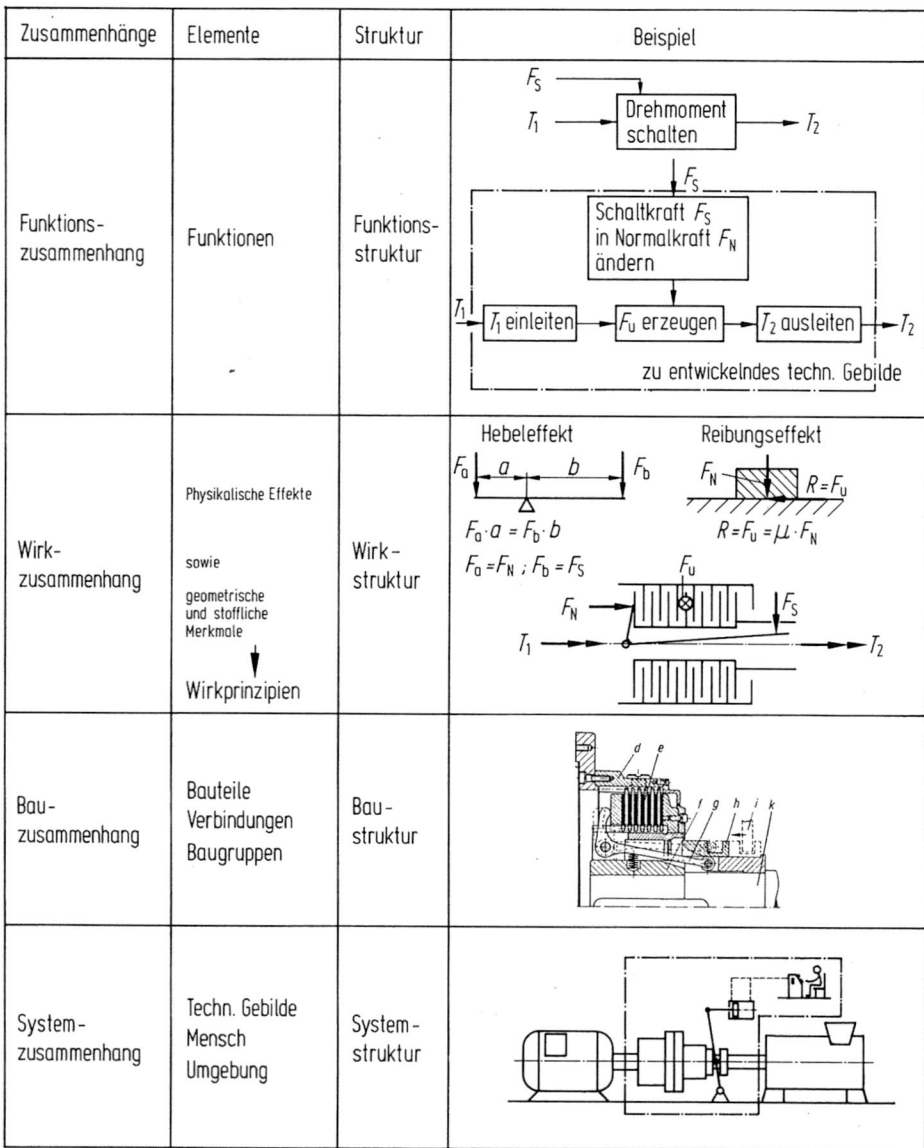

Abb. 2.14 Zusammenhänge in technischen Systemen

Konstruktionsablauf

- Ausgehend von einer vorgegebenen Aufgabenstellung wird zuerst eine **Anforderungsliste** erstellt (hier nicht aufgeführt).
- Beim Konzipieren werden zuerst **Funktionsstrukturen** aufgestellt (Drehmoment schalten – im Detail Drehmoment ein- und ausleiten, Umfangskraft erzeugen durch Ändern der Schaltkraft in Normalkraft).
- Anschließend wird nach geeigneten **Wirkprinzipien** gesucht (Hebeleffekt, Reibungseffekt) und diese zu einer **Wirkstruktur** kombiniert.
- Auf dieser Grundlage wird eine **prinzipielle Lösung** festgelegt.
- Beim anschließenden **Gestalten der maßgebenden Module** wird das gewählte Lösungsprinzip gestalterisch ausgeführt zum **Vorentwurf** (**Baustruktur** der Lamellenkupplung als Schnittdarstellung).
- Die Einordnung der Baugruppe in das Maschinensystem zeigt die **Systemstruktur** (Lamellenkupplung als Übertragungselement zwischen Antriebs- und Arbeitsaggregat).

Im Maschinenbau und insbesondere in der Fertigung sind **Vorrichtungen** unverzichtbare Hilfsmittel.

Nach DIN 6300-2009-04 sind Vorrichtungen Fertigungsmittel, die an Werkstücke gebunden sind und unmittelbar zum Arbeitsvorgang stehen. Sie dienen dazu, Werkstücke zu positionieren, zu halten oder zu spannen und gegebenenfalls ein oder mehrere Werkzeuge zu führen.

Durch Anwendung von Vorrichtungen werden die Fertigungszeiten reduziert, die Fertigungs- und Lagegenauigkeiten erhöht sowie der Bedarf an Prüfmitteln verringert.

Einsatzziel von Vorrichtungen:

- Gemeinsam mit Werkzeugmaschinen, Werkzeugen, Mess- und Prüfmitteln zählen Vorrichtungen zu den Fertigungsmitteln.
- Werkstückabhängige Vorrichtungen dienen bei der Serienfertigung zur Rationalisierung, indem Nebenzeiten reduziert werden.
- Nach einer REFA-Studie [6] werden technische Haupt- und Nebenzeiten unterschieden (Betriebsruhe, außer Einsatz, Unterbrechungen, zusätzliche Nutzung, Nebennutzung, technische Nebenzeit).
- Eine Untersuchung in der spanenden Fertigung [7] ergab die folgenden Zeitanteile.
  - ca. 55 % technische Hauptzeiten
  - ca. 20 % Werkzeugwechselzeiten
  - ca. 25 % weitere technische Nebenzeiten

Anforderungen an Vorrichtungen zeigt Abb. 2.15.

Anforderungen an die Gesamtvorrichtung		
Funktion	**Genauigkeit**	**Kosten**
• Positionieren des Werkstücks • wiederholte Lagebestimmung • Fixieren des Werkstücks • Aufnahme der Prozesskräfte • Werkzeug führen • Positionieren und Fixieren der Vorrichtung zur Werkzeugmaschine	• Sichern von Werkstücktoleranzen • Reproduzierbarkeit • Unempfindlichkeit gegen Verschmutzung	• einfache Montage • niedrige Betriebskosten
• funktionsgerecht • fertigungsgerecht • raumsparend • einfach • geringe Anzahl	• gut bedienbar • kollisionsfrei	• einfach • sicher
Gestaltung	**Positionierung**	**Befestigung**
Anforderungen an einzelne Funktionselemente		

Abb. 2.15   Vorrichtungen – Anforderungen

Abb. 2.16 zeigt als Beispiel eine **Fräsvorrichtung**.

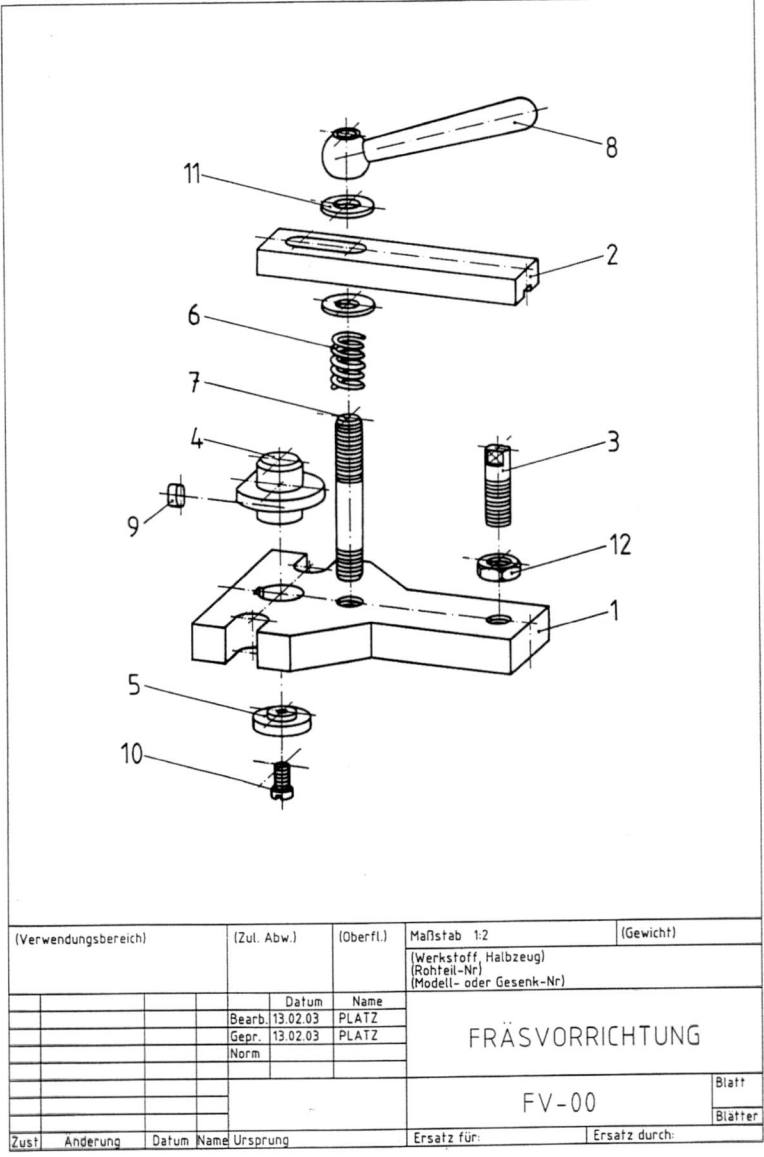

(Verwendungsbereich)			(Zul. Abw.)		(Oberfl.)	Maßstab 1:2		(Gewicht)	
						(Werkstoff, Halbzeug) (Rohteil-Nr) (Modell- oder Gesenk-Nr)			
				Datum	Name				
			Bearb.	13.02.03	PLATZ				
			Gepr.	13.02.03	PLATZ	FRÄSVORRICHTUNG			
			Norm						
								Blatt	
						FV-00			
								Blätter	
Zust	Änderung	Datum	Name	Ursprung		Ersatz für:		Ersatz durch:	

Abb. 2.16 Fräsvorrichtung – 3D-Explosionsdarstellung

Funktionsbeschreibung
- **Hauptfunktion**
    - Wiederholte, möglichst genaue Positionierung und Fixierung des Werkstücks.
- **Sekundärfunktionen**
    - Aufnahme der Prozesskräfte

- – Werkzeug führen
- – Positionierung und Fixierung der Vorrichtung zur Werkzeugmaschine
- **Nebenbedingungen**
  - – Einfache Montage
  - – Niedrige Betriebskosten
  - – Gute Bedienbarkeit
  - – Einfache und sichere Befestigung
  - – Sicherung der Werkstücktoleranzen
  - – Unempfindlich gegen Verschmutzungen
- **Energiefluss**
  - – Die Prozesskräfte gehen vom Werkstück über den Aufsatz 4 in die Grundplatte 1 und die Befestigung.
- **Baustruktur**
  - – Aufsatz 4, der hauptsächlich für die Positionierung des Werkstücks verantwortlich ist, wird durch die Passfeder 9 gegen Verdrehen gesichert und mit Hilfe der Scheibe 5 und der Zylinderschraube 10 an der Grundplatte 1 befestigt.
  - – Steg 2, mit dem das Werkstück auf Aufsatz 4 gehalten wird, ist mit Führungsschraube 3 und Gewindestift 7 geführt und wird mit Kegelgriff 8 und Gewindestift 7 gegen die Grundplatte 1 und das Werkstück gespannt. Dabei dienen die beiden Scheiben 11 der Verteilung der Kraft über eine größere Fläche und der Verhinderung von Beschädigungen am Steg 2 durch Reibung.
  - – Druckfeder 6 hält dabei Steg 2 auf einer gewissen Höhe, wenn gerade kein Werkstück eingespannt ist, und erleichtert das Bedienen der Vorrichtung.
  - – Führungsschraube 3 ist in Grundplatte 1 verschraubt und wird mit Sechskantmutter 12 gekontert.
- **Montage**
  - – Aufsatz 4 wird mittels Passfeder 9, Scheibe 5 und Zylinderschraube 10 an Grundplatte 1 befestigt
  - – Sechskantmutter 12 wird auf Führungsschraube 3 aufgeschraubt
  - – Führungsschraube 3 wird in Grundplatte 1 verschraubt
  - – Gewindestift 7 wird in Grundplatte 1 verschraubt; Druckfeder 6, Scheibe 11 und Steg 2 werden aufgesteckt
  - – Führungsschraube 3 wird justiert und mit Sechskantmutter 12 gesichert
  - – Kegelgriff 8 wird auf Gewindestift 7 aufgeschraubt

Die Zusammenbauzeichnung, die auf der Basis der gegebenen Explosionsdarstellung angefertigt wurde, zeigt Abb. 2.17.

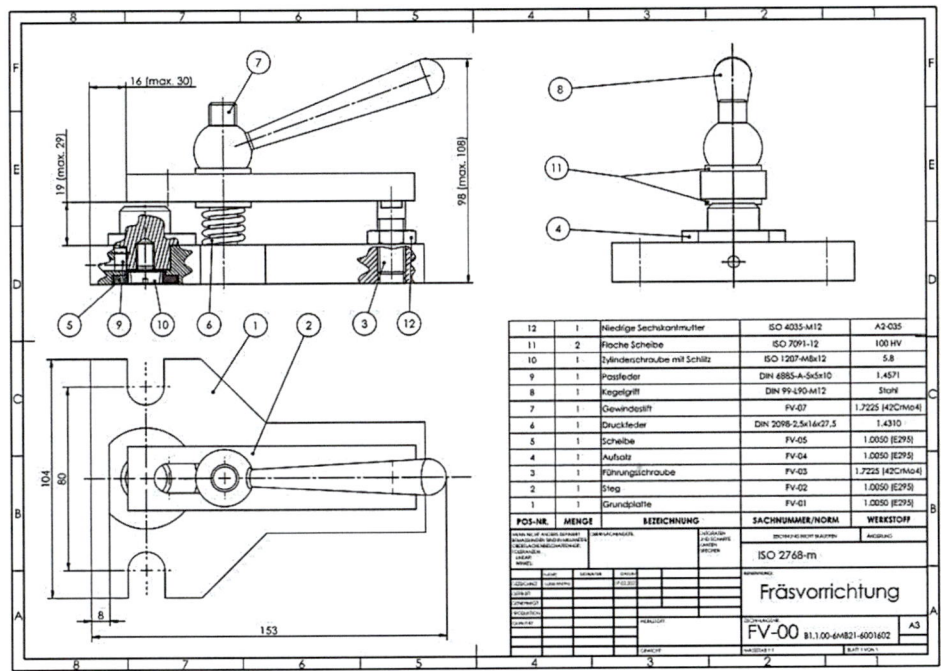

POS.-NR.	MENGE	BEZEICHNUNG	SACHNUMMER/NORM.	WERKSTOFF
12	1	Niedrige Sechskantmutter	ISO 4035-M12	A2-035
11	2	Flache Scheibe	ISO 7091-12	100 HV
10	1	Zylinderschraube mit Schlitz	ISO 1207-M6x12	5.8
9	1	Passfeder	DIN 6885-A-5x5x10	1.4571
8	1	Kegelgriff	DIN 99-L90-M12	Stahl
7	1	Gewindestift	FV-07	1.7225 (42CrMo4)
6	1	Druckfeder	DIN 2098-2,5x16x27,5	1.4310
5	1	Scheibe	FV-05	1.0050 (E295)
4	1	Aufsatz	FV-04	1.0050 (E295)
3	1	Führungsschraube	FV-03	1.7225 (42CrMo4)
2	1	Steg	FV-02	1.0050 (E295)
1	1	Grundplatte	FV-01	1.0050 (E295)

ISO 2768-m

Fräsvorrichtung

FV-00   B1.1.00-6M821-6001602   A3

Abb. 2.17 Fräsvorrichtung – Zusammenbauzeichnung

Welche Gestalt könnte das **Werkstück** haben (s. dazu Abb. 2.18)?

Abb. 2.18 Fräsvorrichtung
mit Werkstück

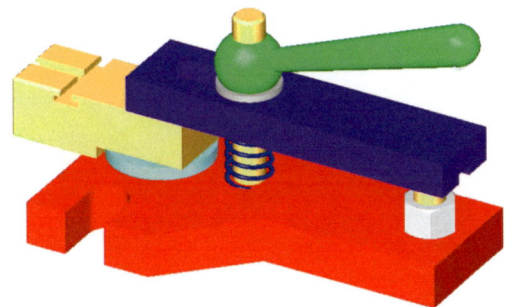

- Zapfen von Aufsatz 4 dient der Aufnahme des Werkstücks.
  ⇒ erfordert Bohrung im Werkstück
- Abfräsung am Bund von Aufsatz 4 dient der Verdrehsicherung beim Fräsen.
  ⇒ erfordert Absatz am Werkstück

Abb. 2.19 zeigt die **Funktionsstruktur** der Fräsvorrichtung (Konkretisierung von Abb. 2.6).

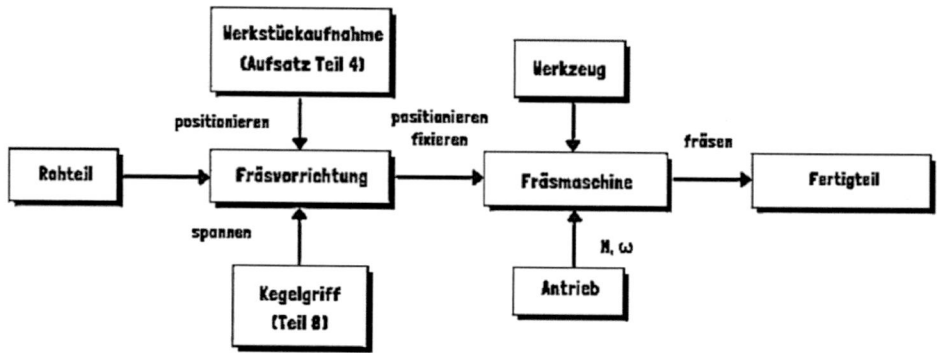

Abb. 2.19 Fräsvorrichtung – Funktionsstruktur

Literatur

1. Entwicklung technischer Produkte und Systeme. Richtlinie VDI 2221-01 (2019-11)
2. Stelzer, R.: Konstruktiver Entwicklungsprozess. Vorlesung Technische Universität Dresden, Fakultät Maschinenbau
3. Klose, J. und Musoro, R.: Problemlösungsebenen im Konstruktionsprozess. 9. Symposium „Fertigungsgerechtes Konstruieren", Schnaittach 15. und 16.10. (1998)
4. Luck, K.; Fronius, S.; Klose, J.: Taschenbuch Maschinenbau, Band 3. Verlag Technik Berlin 1. Aufl. (1987)
5. Roth, K.: Konstruieren mit Konstruktionskatalogen, Band 1. Konstruktionslehre Springer 3. Aufl. (2000)
6. REFA Methodenlehre der Betriebsorganisation, Grundlagen der Arbeitsgestaltung. Fachbuchverlag Leipzig 1. Aufl. (1993)
7. Bosch, T.: Methode zur Reduktion technischer Nebenzeiten in der spanenden Fertigung. Dissertation Universität Stuttgart (2016)
8. Hoenow, G. und Meißner, T.: Entwerfen und Gestalten im Maschinenbau. Hanser 5. Aufl. (2022)
9. Pahl, G. und Beitz, W.: Konstruktionslehre, Methoden und Anwendung erfolgreicher Produktentwicklung. Springer 9. Aufl. (2021)

Baugruppe

3

Inhaltsverzeichnis

3.1   Funktion der Baugruppe in der Maschine

Eine **Baugruppe** (DIN 199: Gruppe) ist eine Komponente einer Maschine, ohne die das gesamte System gar nicht oder nur eingeschränkt funktioniert.

Die Baugruppe ist ein in sich geschlossener, aus zwei oder mehr Einzelteilen und/oder Baugruppen niederer Ordnung bestehender Gegenstand, der in der Regel wieder zerlegbar ist. Sie wird durch Montageprozesse erstellt.

Typische Baugruppen einer Maschine

- Antrieb (z. B. Elektromotor)
- Führungen (z. B. Wälzlager, hydrodynamische Gleitführung)
- Werkzeugaufnahme und -speicher (z. B. Bohrfutter, Revolverkopf)
- Werkstückaufnahme (z. B. Maschinenschraubstock)
- Steuerung (z. B. 3D-Bahnsteuerung)
- Maschinengestell (z. B. Rahmen-, Säulenbauweise)
- Ver- und Entsorgungseinheiten (z. B. Schmierung, Späneförderung)

Der konstruktive Zusammenhang zwischen Einzelteilen und Baugruppen wird in einer Zusammenbauzeichnung mit zugehöriger Stückliste, der fertigungstechnische Zusammenhang in Einzelteilzeichnungen dargestellt.

Nachfolgend werden Beispiele zur Funktion von Baugruppen in einer Maschine behandelt.

In einem Kraftfahrzeug wandeln **Schaltgetriebe** (Abb. 3.1) die Drehzahl des Antriebsmotors in die für den normalen Fahrbetrieb notwendige Raddrehzahl um.

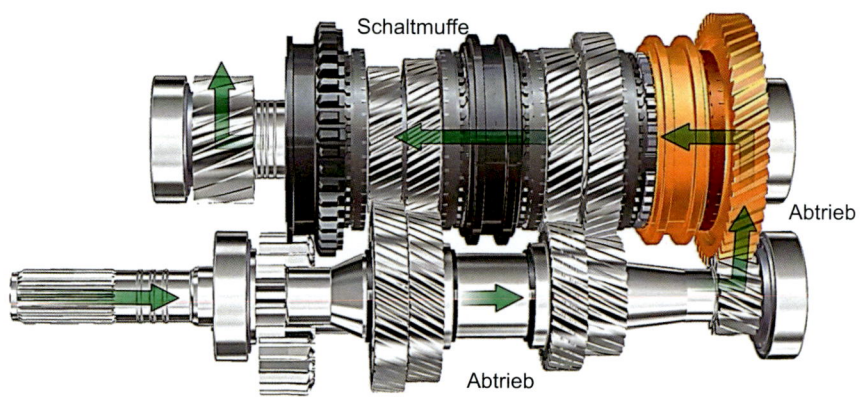

Schaltmuffe

Abtrieb

Abtrieb

Abb. 3.1 Kraftfahrzeug-Dreigang-Schaltgetriebe

Zur Realisierung unterschiedlicher Abtriebsdrehzahlen müssen die entsprechenden Zahnradpaarungen zugeschaltet werden. Im abgebildeten Dreiganggetriebe erfolgt dies mittels Schaltmuffen. Vor deren axialer Verschiebung sorgen Synchroneinrichtungen für das Angleichen der Drehzahlen von An- und Abtrieb der jeweiligen Schaltstufe mittels Reibung.

Die Einzelteile einer **Synchroneinrichtung** zeigt Abb. 3.2.

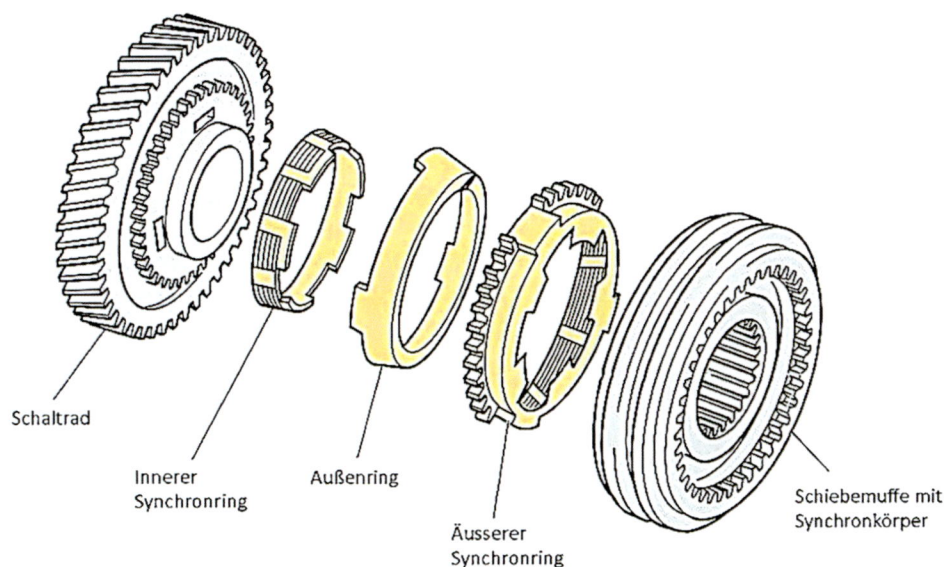

Schaltrad

Innerer
Synchronring

Außenring

Äusserer
Synchronring

Schiebemuffe mit
Synchronkörper

Abb. 3.2 Synchroneinrichtung – Einzelteile

Die Anwendung einer konkreten Synchroneinrichtung zeigt Abb. 3.3 („Drehfeste Verbindung eines Kupplungsringes einer **Synchroneinheit** mit einem Zahnrad").

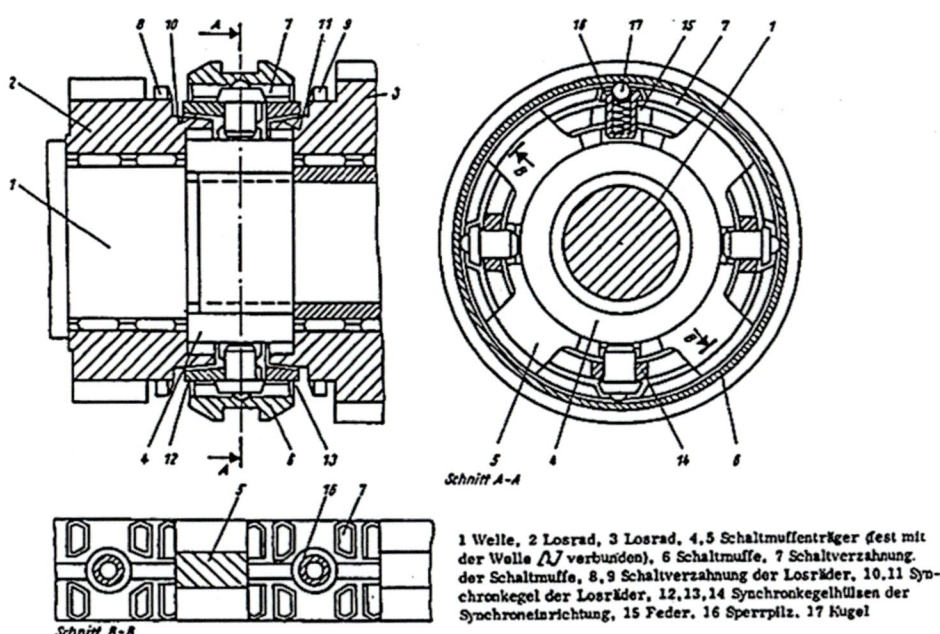

Schnitt A-A

Schnitt B-B

1 Welle, 2 Losrad, 3 Losrad, 4,5 Schaltmuffenträger (fest mit der Welle (1) verbunden), 6 Schaltmuffe, 7 Schaltverzahnung, der Schaltmuffe, 8,9 Schaltverzahnung der Losräder, 10,11 Synchronkegel der Losräder, 12,13,14 Synchronkegelhülsen der Synchroneinrichtung, 15 Feder, 16 Sperrpilz, 17 Kugel

Abb. 3.3 Synchroneinheit EP 0 902 206 A1

Schaltvorgang

Durch Horizontalverschiebung der Schaltmuffe 6 werden die Kegel der Synchronkegelhülsen 12/13, die durch die Sperrpilze 16 miteinander verbunden sind, gegen die Synchronkegel 10/11 der Losräder 2 bzw. 3 gedrückt, wodurch Reibung zwischen den beidseitigen Kegeln entsteht, bis die Welle 1 und das Losrad des gewählten Ganges die gleiche Drehzahl haben, sodass die verzahnte Schaltmuffe 6 widerstandslos verschoben werden kann.

Das Antriebsmoment wird nun von der Welle 1 über den Schaltmuffenträger 4/5 und die Schaltverzahnung 7 der Schaltmuffe 6 auf das jeweilige Losrad übertragen.

Der Schaltvorgang ist damit vollzogen.

Die Abb. 3.4 und 3.5 zeigen die Einbindung einer Synchroneinrichtung in ein **Kraftfahrzeug-Schaltgetriebe**.

Abb. 3.4 Kraftfahrzeug-Schaltgetriebe

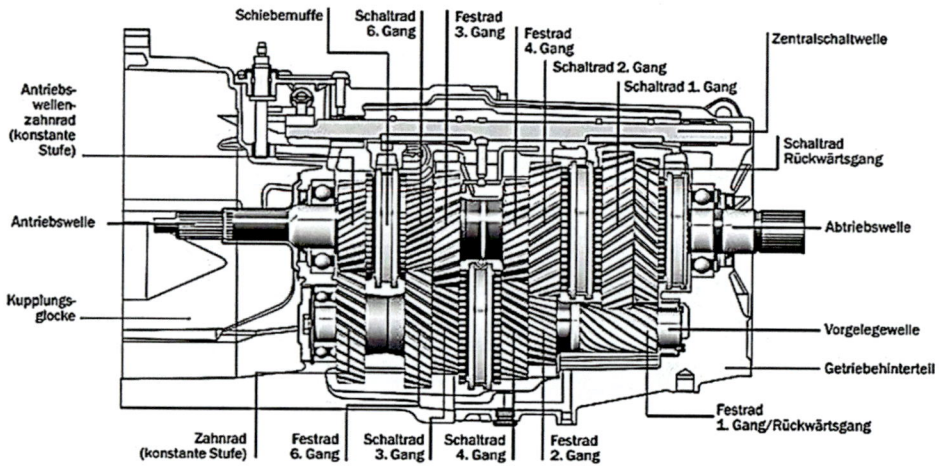

Abb. 3.5 Sechsgang-Schaltgetriebe des VW Touareg/Porsche Cayenne

Aus den aufgeführten Schaltgetriebe-Beispielen lässt sich die in Abb. 3.6 dargestellte Funktionsstruktur ableiten.

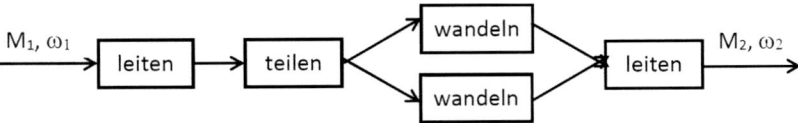

Abb. 3.6 Schaltgetriebe – Funktionsstruktur

Das Schaltgetriebe ist ein Element der Funktionsstruktur eines Kraftfahrzeuges (Abb. 3.7).

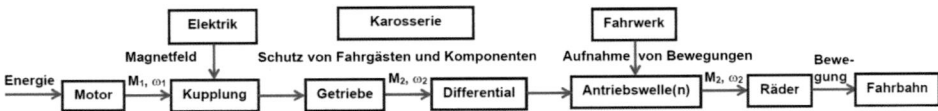

Abb. 3.7 Kraftfahrzeug – Funktionsstruktur

Abb. 3.8 zeigt die Betätigung des Verschieberäderblocks auf der Zwischenwelle eines im Stillstand schaltbaren **Dreiganggetriebes** zum Antrieb eines Förderbandes [15].

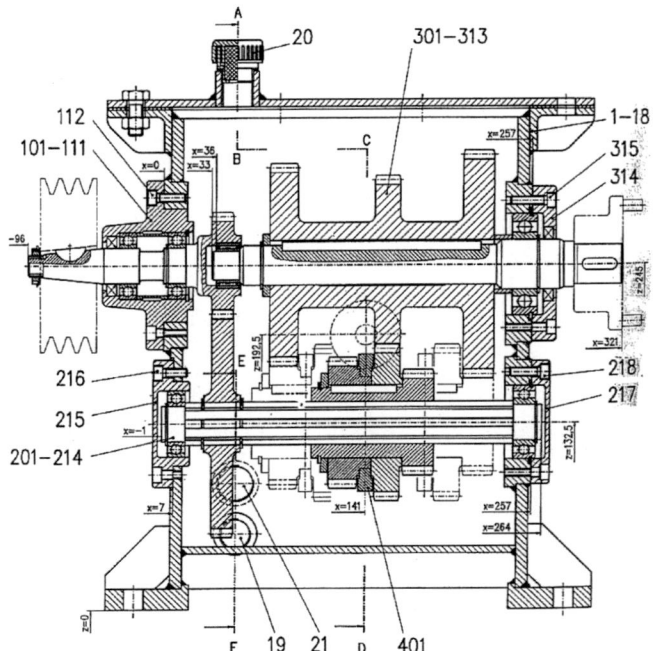

Abb. 3.8 Dreiganggetriebe – Vorderansicht

Das Dreiganggetriebe ist montagegerecht strukturiert in folgende Baugruppen:

- Baugruppe 1 Antriebswelle (Teile 101–111) hat die Aufgabe, das durch die Riemen-
  scheibe zugeführte Drehmoment zum Ritzel zu leiten
- Baugruppe 2 Zwischenwelle (Teile 201–214) treibt über das Zahnrad 202 die Keil-
  welle 201 an und nimmt den axial verschiebbaren Räderblock Teile 204–209 mit 3
  Zahnrädern auf.
- Baugruppe 3 Abtriebswelle (Teile 301–313) leitet über den Räderblock 302 mit 3
  Zahnrädern je nach Schaltstellung das Drehmoment an den Kupplungsflansch (Abtrieb).
- Baugruppe 4 Verschiebemechanik (Teile 401–415) führt das Schalten der einzelnen
  Gänge aus. Die exakten Schaltstellungen 1, 2 und 3 der Schaltgabel 401 in Achsrich-
  tung der Zwischenwelle ergeben sich durch das Einrasten einer durch eine Druck-
  feder belasteten Kugel in gebohrte Vertiefungen der Stirnseite des im Gehäuse 4 eingeschweißten Auges 14 (Abb. 3.10) parallel zur X–Z-Ebene.
  In der Vorderansicht (Abb. 3.8) sieht man den Eingriff der Schaltgabel 401 in den Ver-
  schieberäderblock Teile 204–209 und die Endstellungen der Gänge 2 und 3 (Strich-
  Zweipunkt-Linie).

Das **Wirkprinzip** in Abb. 3.9 zeigt die Wirkungsweise des Dreiganggetriebes.

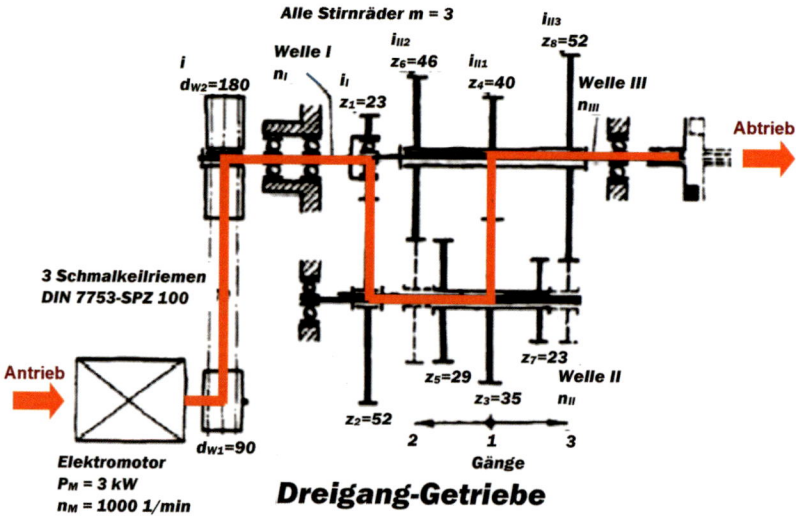

Abb. 3.9 Dreiganggetriebe – Wirkprinzip mit Kraftfluss

Die komplette Baugruppe 4 **Verschiebemechanik** ist in der Seitenansicht des Dreiganggetriebes mit den Teilen 401–415 in Abb. 3.10 detailliert dargestellt.

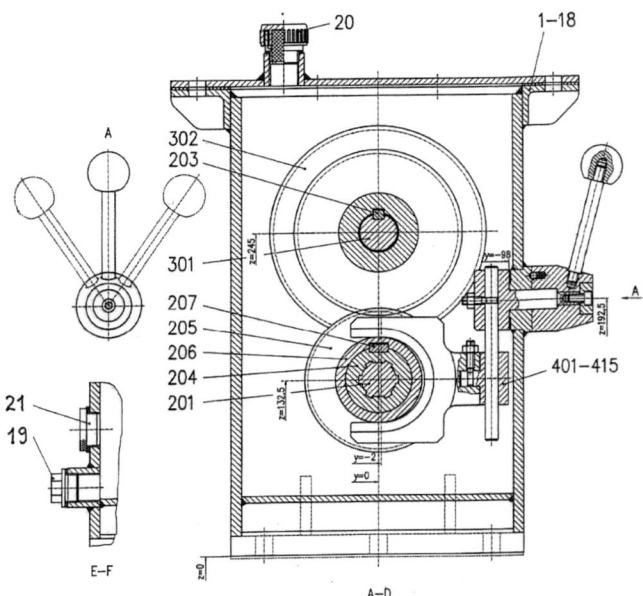

Abb. 3.10 Dreiganggetriebe – Schalteinrichtung (Seitenansicht)

Funktionsbeschreibung

- Durch Schwenken des Schalthebels 412 mit Kugelknopf 413 wird der Schaltvorgang eingeleitet.
- Die Schwenkbewegung des Schalthebels wird in die lineare Verschiebbewegung durch die drehbare Verbindung zwischen Schwenkteil 402 und Schaltgabel 401 realisiert. Dazu muss Schwenkteil 402 beim Schwenken auf Zylinderstift 403 gleiten können.
- Damit ist gesichert, dass Schaltgabel 401 stets die erforderliche vertikale Position zwischen den Zahnrädern des Verschieberäderblocks einnimmt.
- Unklar erscheint die Kraftübertragung zwischen Schalthülse 405 und Schaltbolzen 404. Meistens wird kraftschlüssige Übertragung durch axiales Anpressen mittels Anziehen der Schraube 415 vermutet. Dies kann jedoch zum Verrutschen des Schalthebels 412 führen. Also ist eine formschlüssige Verbindung erforderlich. Beim genauen Hinsehen erkennt man am rechten Ende des Schaltbolzens 404 zwei schräge Linien, die eine ebene Fläche kennzeichnen, also handelt es sich um einen Vierkant. Zum vorgesehenen Zusammenwirken der Einzelteile sind geeignete Passungen zu wählen.
- Spielpassungen zwischen Schaltbolzen 404 und dem im Gestell eingeschweißten Gestellteil 14, zwischen Zylinderstift 403 und Schwenkteil 402, zwischen Schwenkteil 402 und Schaltgabel 401 sowie zwischen Schaltgabel 401 und Zahnradnabe.
- Kompliziert gestaltet sich das axiale Zusammenwirken zwischen Schwenkteil 402 und Schaltgabel 401. Erstens ist axiales Spiel erforderlich, zweitens muss der Zapfen des Gewindestiftes 406 in die Nut des zylindrischen Absatzes des Schwenkteils 402 passen. Es handelt sich um ein Toleranzkettenproblem (s. auch Abschn. 3.6).

Zum **Zusammenwirken** von Schaltgabel 401 und Schwenkteil 402 nachfolgende Abb. 3.11, 3.12 und 3.13.

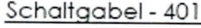

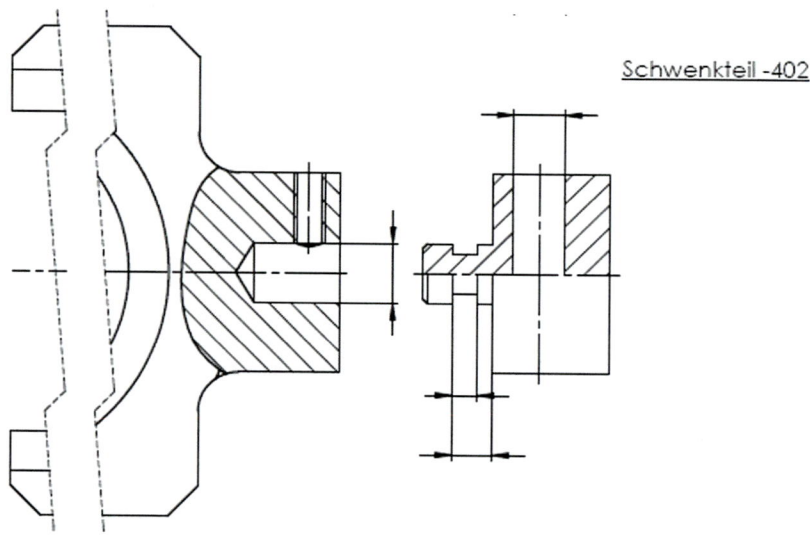

Abb. 3.11 Schalteinrichtung – Schaltgabel und Schwenkteil

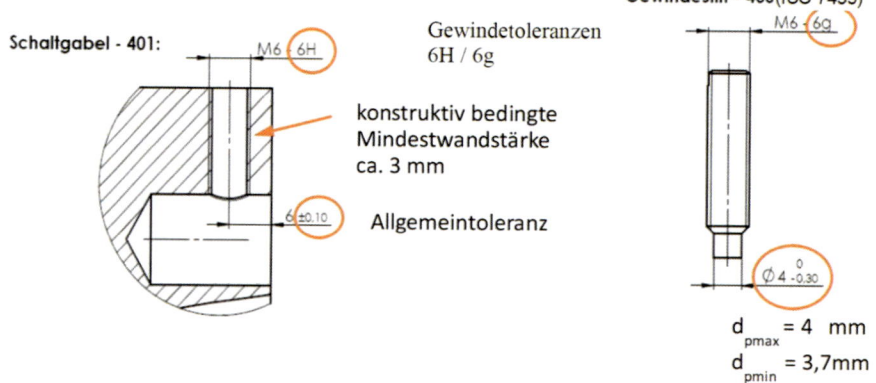

Abb. 3.12 Schalteinrichtung – Details Schaltgabel, Gewindestift

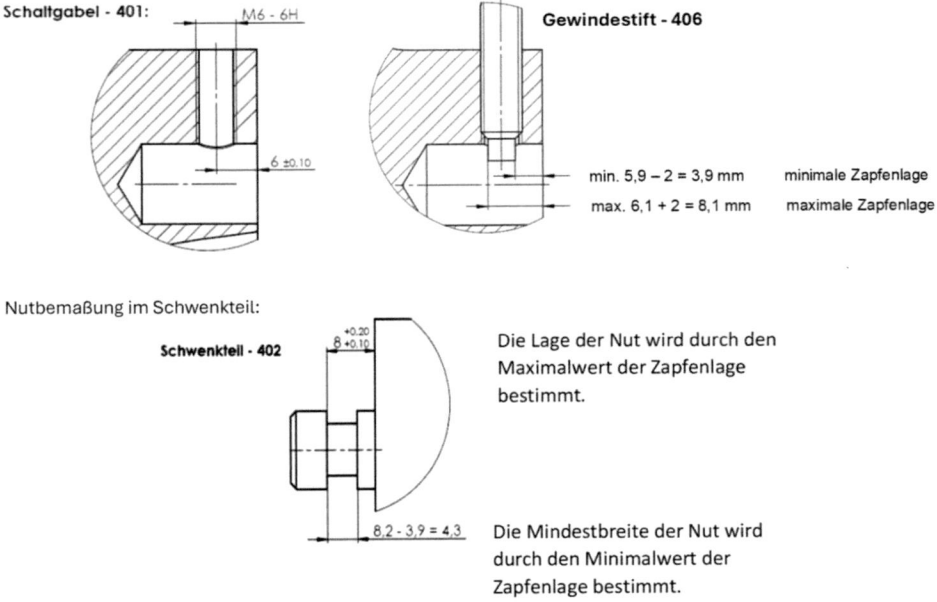

Abb. 3.13   Schalteinrichtung – Details Schaltgabel, Schwenkteil, Gewindestift

Nr. 1:   Für Spielpassung zwischen Schwenkteil 402 und Zylinderstift 403 (Normteil mit Toleranz h8)
⇒ Bohrung im Schwenkteil 402: ⌀ 10 G7

Nr. 3:   Für Spielpassung H7/g6 (enger Laufsitz [1]) zwischen Schaltgabel 401 und Schwenkteil 402
⇒ Bohrung in Schaltgabel 401: ⌀ 12 H7

Nr. 2:   Bemaßung und Tolerierung von Nutbreite und -lage im Schwenkteil 402 auf der Basis der Maße in Abb. 3.12.

Für die Bestimmung der Grenzwerte der Lage des Gewindestiftes 406 in der Schaltgabel 401 ist dessen Zapfendurchmesser $d_{pmax} = 4$ mm maßgebend (Abb. 3.13).

Einzelteilzeichnungen
Schaltgabel 401 (Abb. 3.14)

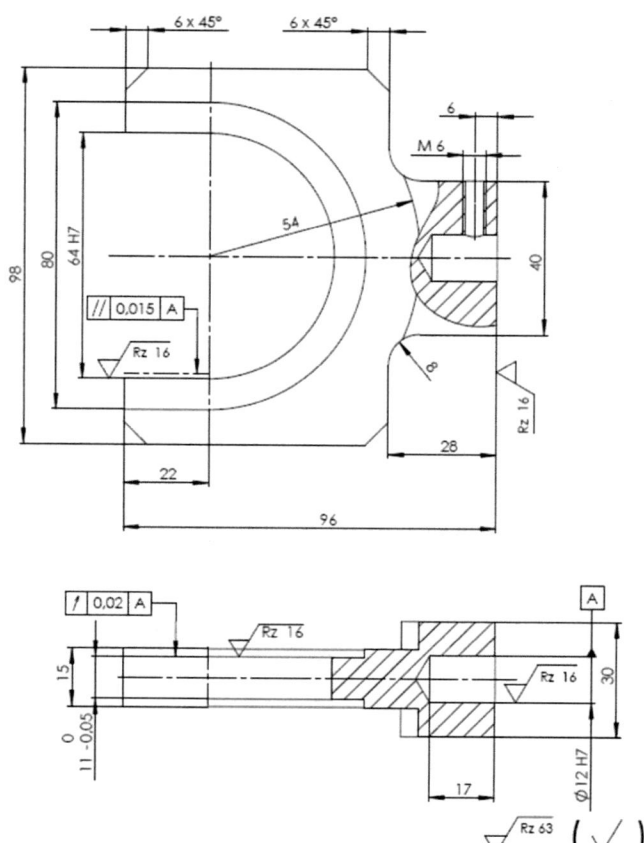

Abb. 3.14 Schaltgabel – Einzelteilzeichnung

Schwenkteil 402 (Abb. 3.15)

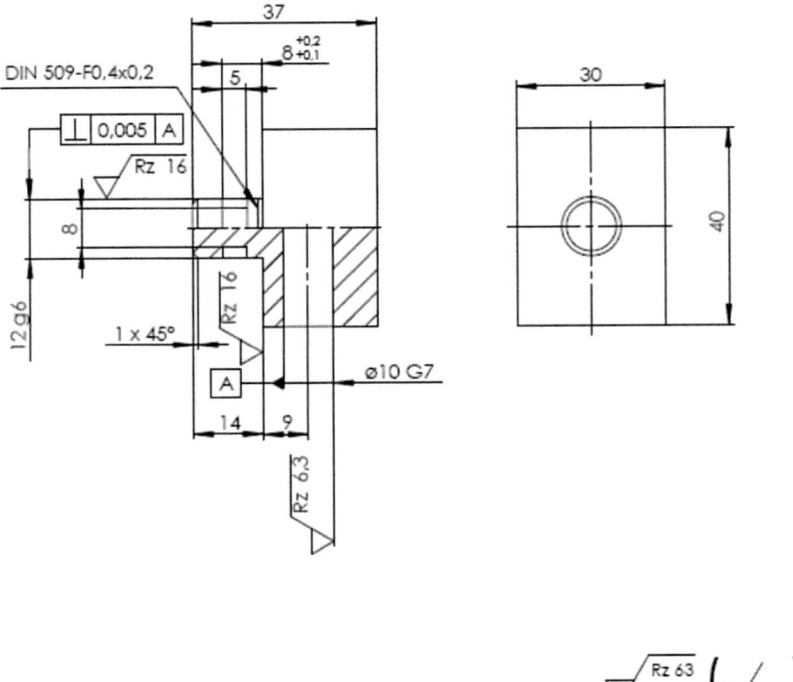

Abb. 3.15 Schwenkteil – Einzelteilzeichnung

Im Anlagenbau und in der Instandhaltung müssen Maschinen zum Fundament **aus-gerichtet bzw. justiert** werden, um die optimale Funktionsfähigkeit der Maschinen zu gewährleisten.

Ein **Richt- und Verbindungselement** (BW-Fixator [1]) als Beispiel für das vertikale Ausrichten einer Werkzeugmaschine zeigt Abb. 3.16.

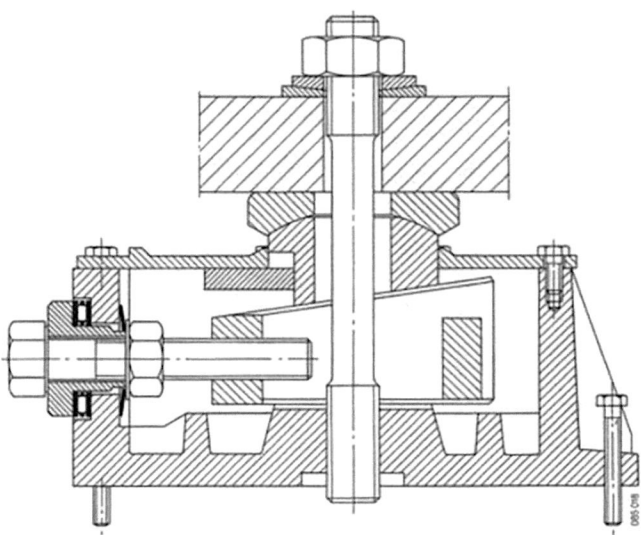

Abb. 3.16 Richt- und Verbindungselement

Funktionsbeschreibung

- BW-Fixatoren dienen dem Aus- bzw. Nachrichten von Maschinen.
- Der Fundamentkörper einer Werkzeugmaschine erfährt durch dynamisch wirkende Kräfte, Kriechen und Schwinden des Fundamentbetons und Verlagerung des Baugrundes Höhenverschiebungen.
- Das Richt- und Verbindungselement gleicht diese vertikalen Ungenauigkeiten aus und verbindet das Maschinenbett 1 kraftschlüssig mit dem Fundament, verbessert damit die für die Arbeitsgenauigkeit erforderliche Steifigkeit.
- Die Höhenverstellung wird durch Drehen der waagerechten Stellschraube 2 eingeleitet, wodurch der Stellkeil 3 horizontal verschoben wird und durch dessen Keilform das Maschinenbett nach oben oder unten bewegt wird. Die Stellschraube 2 stützt sich an der äußeren Wand des Gehäuses 4 ab – zur Verminderung der Reibung über ein Axial-Nadellager 5. Während dieses Vorgangs müssen die Fundamentschrauben 6 fest angezogen sein. Die Tellerfeder 7 spannt das Nadellager 5 beim Absenkvorgang vor.

Nach vollzogener Justierung wird der Endzustand durch Anziehen der Sechskantmutter 8 fixiert.

Abb. 3.17 zeigt BW-Fixatoren zur Ausrichtung einer Maschine im Einsatz.

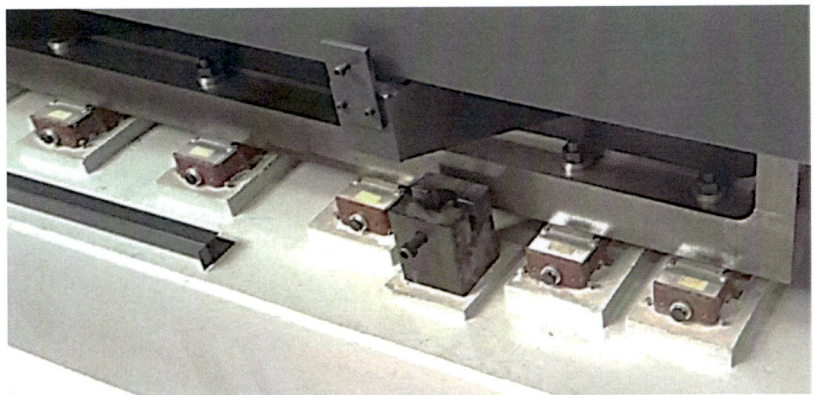

Abb. 3.17   BW-Fixatoren Baureihe RK

3.2   Baustruktur und Wirkprinzipien

Die **Baustruktur** beschreibt die Verknüpfung der einzelnen Bauelemente innerhalb eines Gesamtsystems inklusive der Einzelteilgestaltung.

Für die Erstellung einer Baustruktur werden mehrere Konzepte auf der Basis einer umfassenden Struktur- und Funktionsanalyse ausgearbeitet und bewertet.

Bauelemente sind alle Komponenten eines Produkts, wie Einzelteile, Baugruppen oder Module.

In der **Wirkstruktur** als Vorstufe der Baustruktur werden einzelne Wirkprinzipien zu einer Gesamtlösung verknüpft. Die für die Funktion relevanten Aspekte einer Lösung sind in der Wirkstruktur abgebildet.

Wirkprinzipien beziehen sich auf Lösungsmöglichkeiten für Teilfunktionen.

Dazu gehören das Zusammengehen von physikalischen Effekten, geometrischen Merkmalen (Form, Abmessungen, Oberflächenbeschaffenheit und -güte) und stofflichen Merkmalen (Werkstoffart) sowie deren Wechselwirkungen im Prozess.

Physikalische Effekte werden beim Wirkprinzip zur Realisierung der Teilfunktionen verwendet. Sie lassen sich durch physikalische Gesetze beschreiben, die die beteiligten Größen einander zuordnen, z. B. Adhäsion, Querkontraktion, Trägheit, Reibung, Hebeleffekt, Wärmedehnung [2].

Am Beispiel eines **Robotergreifers** sollen aus einem vorgegebenen Entwurf (Abb. 3.18) das Wirkprinzip, die Wirkstruktur und eine Baugruppenzeichnung abgeleitet werden.

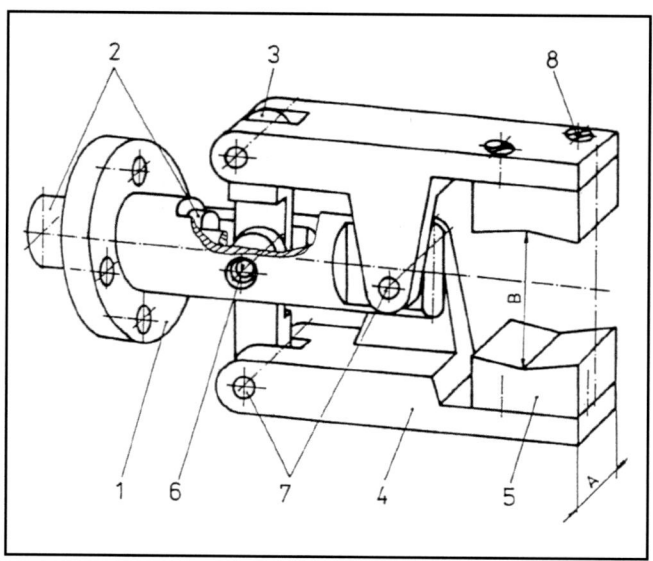

Abb. 3.18 Robotergreifer Entwurf

Funktionsbeschreibung
- **Hauptfunktion**:
  Werkstücke mechanisch greifen und festhalten
- **Sekundärfunktion**:
  Horizontale Betätigungsbewegung in vertikale Arbeitsbewegung wandeln
- **Nebenbedingungen**:
  Sicherer Halt des Werkstücks
  Schonen der Werkstückoberfläche
- **Teilfunktionen**:
  Maßgenaues Greifen und Transportieren des Werkstücks
  Positionieren des Werkstücks
- **Energiefluss**:
  Horizontales Verschieben der Kolbenstange 2 durch einen Arbeitszylinder im Roboterarm bewirkt Schwenken der Kniehebel 3
  Kniehebel 3 bewegen Finger 4 mit Backen 5 vertikal zusammen bzw. auseinander, dies bewirkt Spannen bzw. Entspannen eines Werkstücks
- **Baustruktur**:
  z. B. Grundkörper 1 zur Befestigung der Baugruppe an einem Roboterarm und Aufnahme der Funktionsteile
  z. B. Kolbenstange 2 zum Öffnen und Schließen der Finger 4
  z. B. Zylinderstifte 6, 7 und Zylinderschrauben 8 als Normteile

Wirkprinzip

Beim Robotergreifer wird der auf dem Hebeleffekt beruhende *Kniehebelmechanismus* angewendet. Dieser wird eingesetzt, um große Kräfte mit relativ geringem Kraftaufwand zu erzeugen.

Problem: Geht der Winkel α zwischen den Kniehebeln 3 und der Vertikalen gegen 0° – wie beim geschlossenen Zustand dargestellt – geht die vertikale Spannkraft der Finger 4 gegen unendlich:

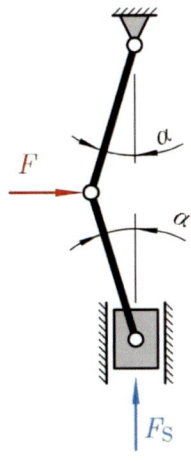

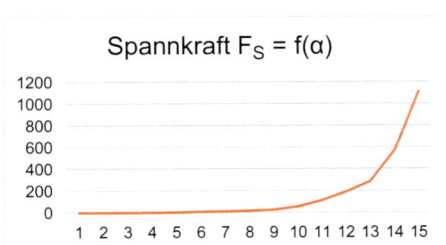

$$F_S = \frac{F}{tan\alpha}$$

F_S = vertikale Spannkraft der Finger 4
F = horizontale Betätigungskraft der Kolbenstange 2
α = Winkel zwischen Kniehebeln 3 und Vertikaler

1	α = 30° ⇒	F_S = 1,73 × F
Beispiele: 10	α = 1° ⇒	F_S = 57,29 × F
15	α = 0,05° ⇒	F_S = 1114,92 × F

Um eine unzulässig große Spannkraft F_S zu verhindern, muss man den horizontalen Hub der Kolbenstange 2 nach rechts begrenzen (Übertotpunktverriegelung).

Abb. 3.19 stellt die **Wirkstruktur** dar, die die Betätigungsbewegung und den Kniehebelmechanismus verdeutlicht.

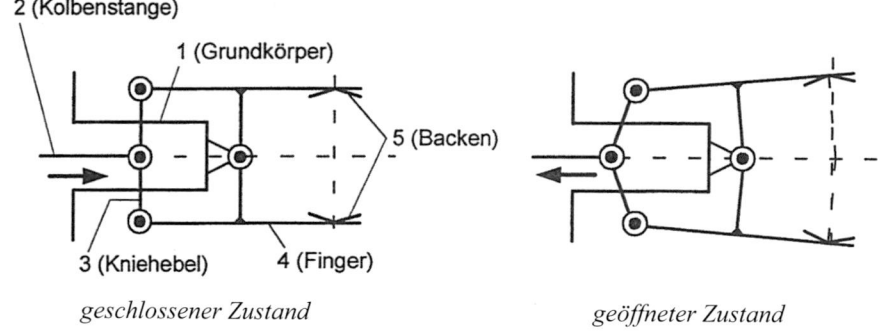

Abb. 3.19 Robotergreifer – Wirkstruktur

Abb. 3.20 zeigt die aus dem Entwurf abgeleitete Baugruppenzeichnung.

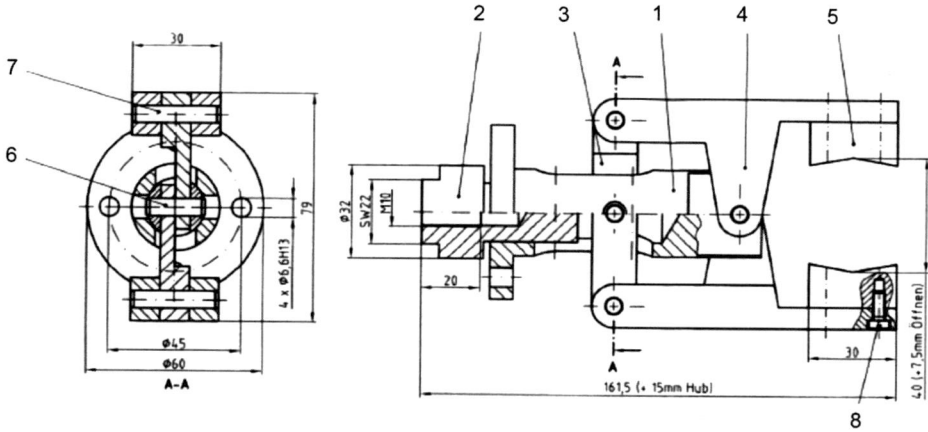

Abb. 3.20 Robotergreifer – Baugruppenzeichnung

Bei dieser Darstellung ist zu beachten, dass die Bauteile wie in Abb. 3.18 vorgegeben ausgeführt werden, unabhängig davon, ob sie funktions- und fertigungsgerecht gestaltet sind.

Dies soll später diskutiert werden.

Beim Beispiel einer **Doppelbackenbremse** nach DIN 15435 in Abb. 3.21 soll die Gestaltung der Bauelemente in Abhängigkeit der auf sie einwirkenden Belastungen herausgearbeitet werden.

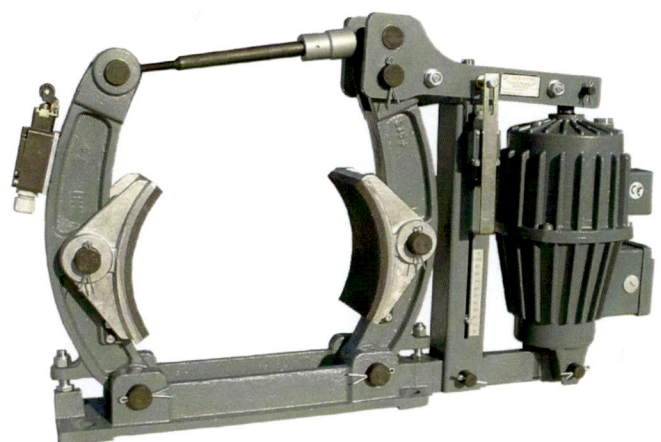

Abb. 3.21   Doppelbackenbremse

Funktionsbeschreibung
- **Hauptfunktion**
  Backenbremsen sind Haltebremsen, die unbeabsichtigtes Anlaufen aus dem Stillstand verhindern.
- **Energiefluss**
  Im Ruhezustand werden die beweglichen Bremsflächen (Bremsbeläge an den Bremsbacken) gegen die feststehenden Bremsflächen (an der Trommel) gedrückt, im Beispiel durch ein elektro-hydraulisches Hubgerät.
  Zur Verhinderung einer Rotation der Trommel (Haltefunktion) muss die durch die Reibung erzeugte Umfangskraft F_u und damit das Bremsmoment größer als das Belastungsmoment sein.

Abb. 3.22 zeigt die **Wirkstruktur** der Doppelbackenbremse mit den angreifenden Kräften.

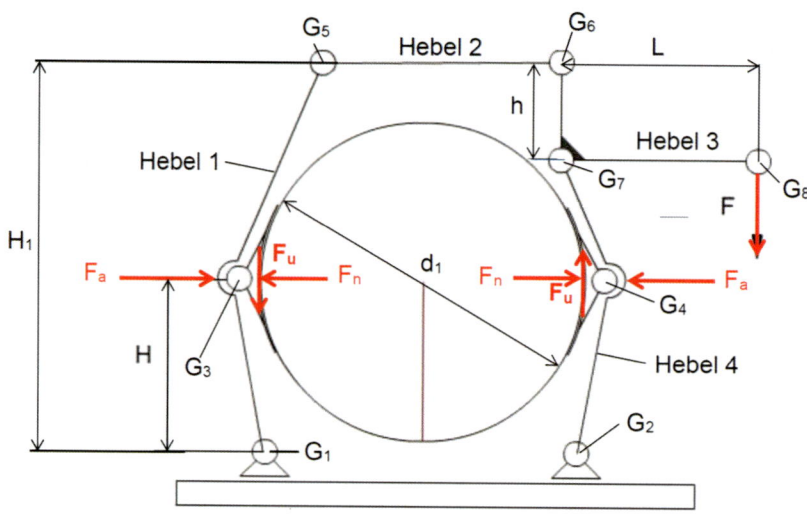

Abb. 3.22 Doppelbackenbremse – Wirkstruktur

- Hebel 1–4
- Gelenke $G_1 - G_8$
- Anpresskräfte F_a
- Reibkräfte (Umfangskräfte) F_u
- Normalkräfte F_n
- Belastungskraft F
- Abmessungen: Höhen H, H_1, h, Hebelarmlänge L, Trommeldurchmesser d_1

Ermittlung des Bremsmoments nach dem Hebelgesetz:

$$M_{tBr} = 2 \cdot F_u \cdot \frac{d_1}{2} = 2 \cdot F \, \mu \cdot i \cdot \frac{d_1}{2}$$

μ = Gleitreibungskoeffizient zwischen Bremsbelag und Bremstrommel
$\mu = 0{,}3 \dots 0{,}4$ [3]
i = Übersetzungsverhältnis

$$i = \frac{L}{h} \cdot \frac{H_1}{H}$$

Querschnittsgestaltung entsprechend der Beanspruchungen (s. Abschn. 4.4):

- Zug/Druck:
  Querschnitt beliebig (nur Querschnittsgröße maßgebend),
  z. B. Rund- oder Flachstab

- Druck mit Knickgefahr:
  Profile mit Randverstärkung (großes Flächenträgheitsmoment),
  z. B. Doppel-T-Profil
- Biegung:
  Profile mit Randverstärkung (großes axiales Widerstandsmoment),
  z. B. Kastenprofil
- Torsion:
  Profile mit Randverstärkung (großes polares Widerstandsmoment),
  z. B. Rund- oder Rechteckrohr

Gestaltung der Hebel der Doppelbackenbremse:

- Hebel 1
  Zugbeanspruchung durch Belastungskraft F, Biegebeanspruchung durch Normalkraft F_n
  $\Rightarrow$ 2 Flachstäbe hochkant
- Hebel 2
  Zugbeanspruchung durch Belastungskraft F
  $\Rightarrow$ Rundstab
- Hebel 3
  Biegebeanspruchung durch Belastungskraft F
  $\Rightarrow$ 2 Flachstäbe hochkant
- Hebel 4
  analog Hebel 1

3.3   Zusammenwirken der Bauteile

Zur Realisierung der vorgesehenen Funktion einer Baugruppe müssen deren Einzelteile in gewünschter Weise **zusammenwirken**, viele sich dabei auch bewegen.

Dazu müssen sowohl die Gestalt der Einzelteile als auch deren Maße und Toleranzen zueinander passen.

Einige Beispiele sollen das Zusammenwirken von Einzelteilen in einer Baugruppe zur Erfüllung deren Funktion demonstrieren. Daraus werden geeignete allgemeingültige Regeln abgeleitet.

Abb. 3.23 zeigt die **Geradführung** [5] vom Stößel 3 in einem Grundkörper 1.

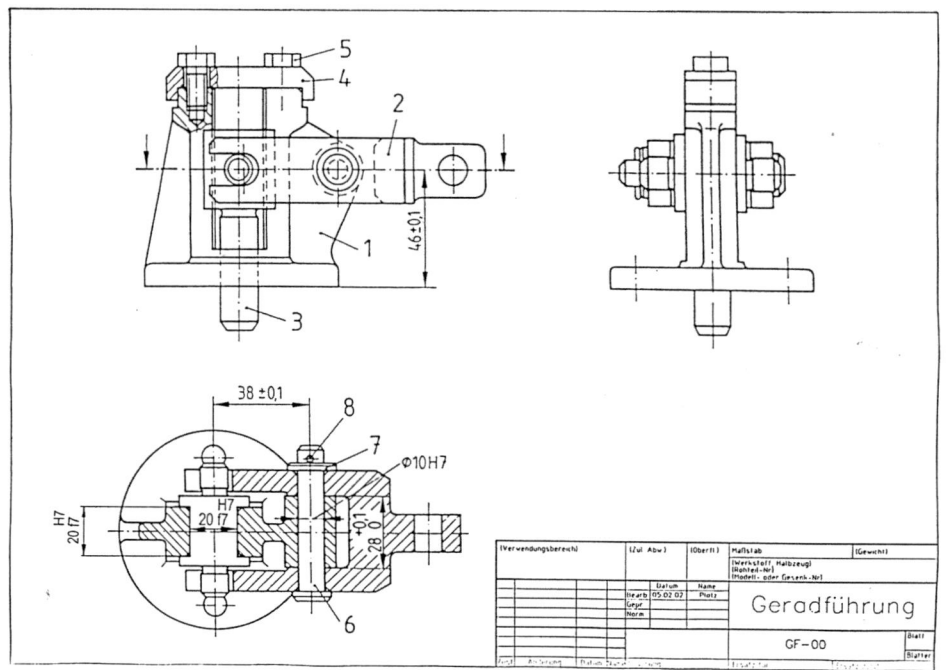

Abb. 3.23 Geradführung

Funktionsbeschreibung
- **Hauptfunktion**
  Hubbewegung des Stößels 3
- **Sekundärfunktion**
  Realisierung der Hubbewegung des Stößels 3 durch Auf- und Abschwenken des Hebels 2.
- **Baustruktur**
  Hebel 2 greift dazu mit 2 Langlöchern über seitlich am Stößel 3 herausragende Zylinder.
  Die Langlöcher im Hebel 2 sind erforderlich, weil er beim Schwenken an beiden Enden eine Kreisbewegung beschreibt, wodurch sich der Abstand zwischen Drehpol Bolzen 6 und den seitlichen Zylindern des Stößels 3 ändert.
  Häufiger Fehler bei der Konstruktionsanalyse: In der Draufsicht von Stößel 3 erscheint es so, als ob an den seitlichen Zylindern außen noch kuglige Ansätze wären. Tatsächlich sind es die Bohrungen zur Befestigung der Baugruppe, was aus der Seitenansicht erkenntlich ist.

Das 3D-Modell in Abb. 3.24 zeigt anschaulich sowohl die Funktionsweise als auch die Gestalt der Einzelteile.

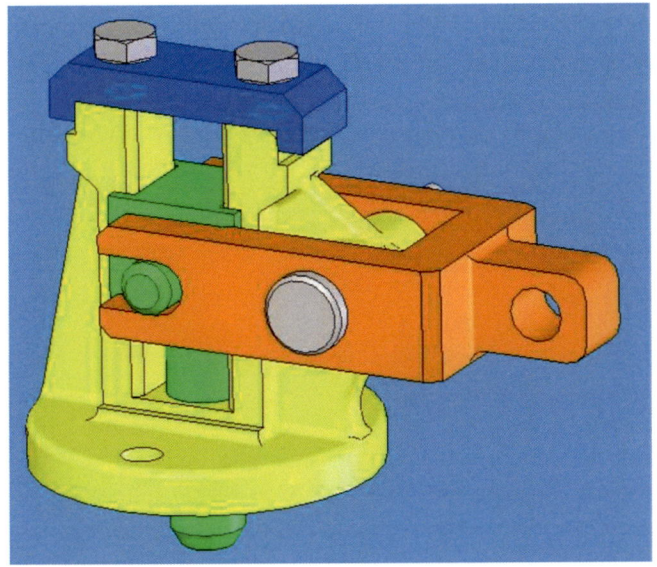

Abb. 3.24 Geradführung – 3D-Modell

Für das Zusammenwirken der Einzelteile einer **Flachführung** eines Maschinen-
schraubstocks in Abb. 3.25 sind zu bestimmen:

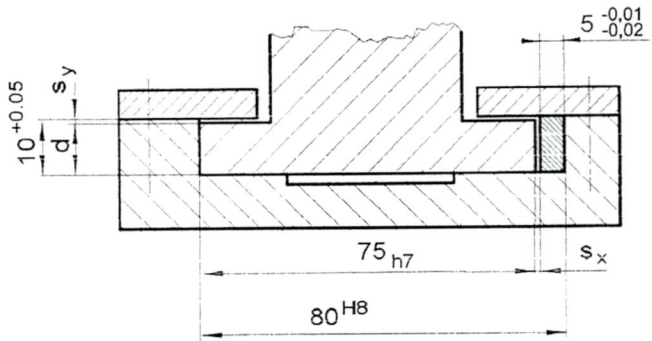

Abb. 3.25 Flachführung

- Größe des Höchst- und Mindestspiels S_x
- Toleriertes Maß d, wenn das Spiel S_y zwischen 20 und 80 μm liegen soll

Lösung

Daten: $80\ H8 = 80_0^{+0,046}\ 75\ h7 = 75_{-0,03}^{0}$
Höchstspiel: $S_{xo} = 80,046 - 4,98 - 74,97 = +0,096\ \text{mm}$
Mindestspiel: $S_{xu} = 80,0 - 4,99 - 75,0 = +0,01\ \text{mm}$

Das Spiel liegt zwischen 10 und 96 µm.

Maß d: Höchstmaß: $d_o = 10,0 - 0,02 = 9,98$ mm
Mindestmaß: $d_u = 10,05 - 0,08 = 9,97$ mm
Toleriertes Maß: $d = 10^{-0,02}_{-0,03}$

Horizontal und vertikal treten jeweils Toleranzketten auf, die zur Berechnung des Spiels S_x und des Maßes d zu beachten sind.

Dazu werden folgende Regeln aufgestellt.

Regel 1

Maße mit funktionsbedingter Toleranz sind keineswegs durch mehrere tolerierte Maße zu bestimmen, sondern durch ein **Funktionsmaß**!

Die Gegenüberstellung einer fertigungsgerechten Bemaßung mit Maßkette und funktionsgerechten Bemaßung mit Funktionsmaß zeigt Abb. 3.26 am Beispiel der axialen Sicherung eines Rillenkugellagers DIN 625 – 6205 mittels Sicherungsring DIN 471 – 25 × 1,2 an einem Wellenende.

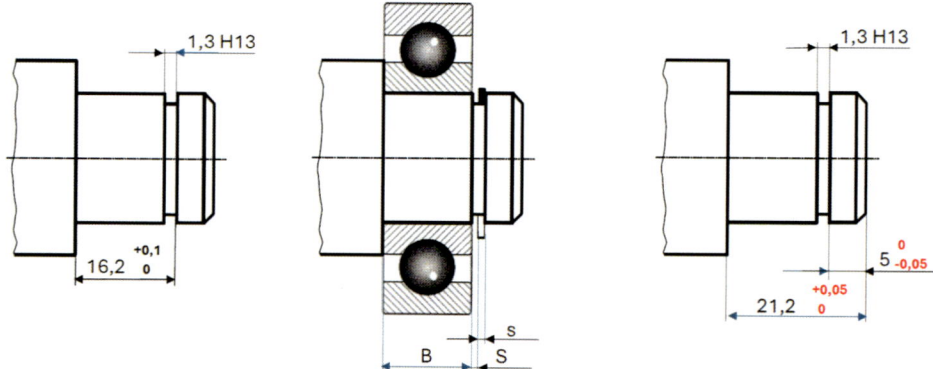

Abb. 3.26 Wellenende mit Rillenkugellager

Daten
$B = 15^0_{-0,12}$ $s = 1,2^0_{-0,06}$ $a =_{-0,05}$ = Randabstand der Nut

Fertigungsgerechte Bemaßung (rechts)
$S_u = l_u - a_o - B_o - s_o = 21,2 - 5 - 15 - 1,2 = 0$
$S_o = l_o - a_u - B_u - s_u = (21,2 + 0,05) - (5 - 0,05) - (15 - 0,12) - (1,2 - 0,06) = 0,28$ mm

Funktionsgerechte Bemaßung (links)
$S_u = l_u - B_o - s_o = 16,2 - 5 - 15 - 1,2 = 0$
$S_o = l_o - B_u - s_u = (16,2 + 0,1) - (15 - 0,12) - (1,2 - 0,06) = 0,28$ mm

Fazit

Bei der fertigungsgerechten Bemaßung sind 2 Maße mit jeweiliger Maßtoleranz von 0,05 mm zu versehen, um ein Höchstspiel von 0,28 mm zu garantieren.

Bei der funktionsgerechten Bemaßung ist lediglich 1 Maß, das Funktionsmaß, mit der doppelten Maßtoleranz von 0,1 mm zu versehen, um dieses Höchstspiel zu garantieren.

Diese Variante ist somit kostengünstiger.

In einer komplexen Toleranzanalyse werden die Toleranzen einer Maßkette hinsichtlich deren Auswirkung auf das Schließmaß untersucht.

Die zugehörigen Begriffe zeigt Abb. 3.27.

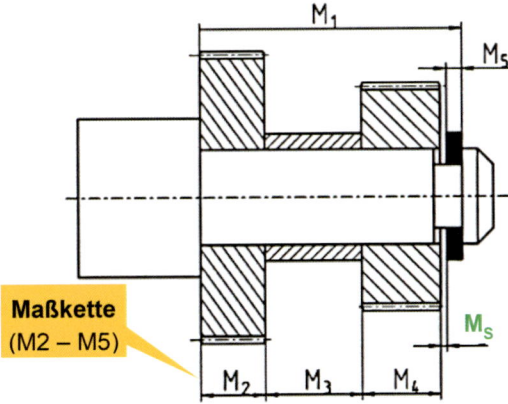

Abb. 3.27 Schließmaß M_S einer Maßkette

Schließmaß

M_S = Maß, welches sich aus der Addition von n unabhängigen Einzelmaßen einer Maßkette ergibt und diese Maßkette schließt (DIN 7186-1–2002-11, allerdings zurückgezogen)

$$M_S = +M_1 - M_2 - M_3 - M_4 - M_5$$

Schließmaß-Toleranz

$$T(M_S) = T_1 + T_2 + T_3 + T_4 + T_5$$

Fazit

Maßtoleranz des arithmetischen Schließmaßes (Schließtoleranz) = Summe der Maßtoleranzen der Einzelmaße.

Regel 2

Maßketten sind zu vermeiden!

Allerdings kommen Maßketten in fast jeder Baugruppe vor. Sie beeinflussen die für die Montage und Funktionalität wichtigen Schließmaße.

Wie kann dieses Problem gelöst werden?

Geeignete **Mehode zur Beherrschung von Toleranzketten** [6] anwenden (Abb. 3.28).

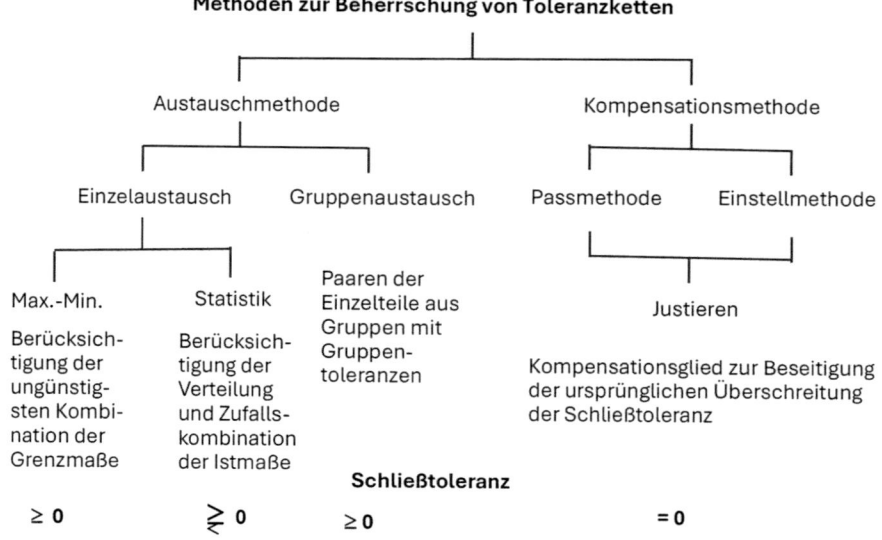

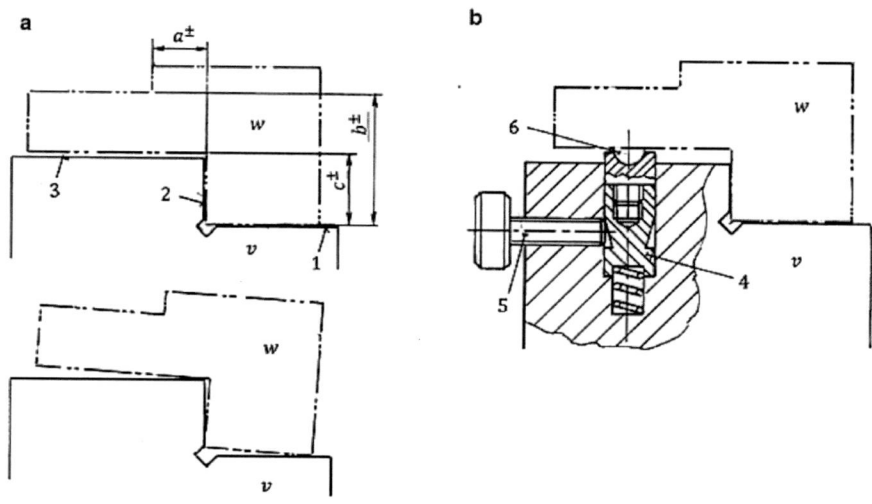

Abb. 3.28 Methode zur Beherrschung von Toleranzketten – Übersicht

Diese Übersicht stellt die systematische Zuordnung der einzelnen Methoden und deren jeweilige Auswirkung auf die Schließtoleranz dar.

DIN 1319: **Justieren** ist Einstellen oder Abgleichen eines Gerätes, um systematische Maßabweichungen so weit zu beseitigen, wie es für die vorgesehene Anwendung erforderlich ist.

Als Beispiel für die **Einstellmethode** zeigt Abb. 3.29 das Positionieren eines Werkstücks mittels einstellbarer Stütze [7].

Abb. 3.29 Positionieren eines Werkstücks

a – oben: Das Werkstück w liegt nur auf der unteren Bestimmebene 1, wenn Höchstmaß c vorliegt.

a – unten: Schiefstellung des Werkstücks w, wenn Mindestmaß c vorliegt.

b – selbsttätig einstellbare Stütze

Der Bolzen 4, durch eine Druckfeder elastisch nach oben gehalten, wird anschließend auf der kegligen Fläche durch die Stellschraube 5 arretiert. Da die zu stützende Fläche nicht in allen Fällen exakt bearbeitet ist, wurde noch eine Pendelauflage 6 vorgesehen.

v – Positionier-Vorrichtung

Die Tab. 3.1 (Teil 1) und Tab. 3.2 (Teil 2) zeigen eine Zusammenstellung einzelner Methoden zur Beherrschung von Toleranzketten [6].

Tab. 3.1 Methoden zur Beherrschung von Toleranzketten Teil 1

Methode				Austauschbarkeit	Erläuterung der Methode
Austauschmethode				austauschbar	Enge Toleranz für jedes Teil, sodass Schlusstoleranz genügend klein ist. Berechnung nach Maximum-Minimum-Methode (Grenzmaßmethode)
Methode der Gruppenaustauschbarkeit				Gruppe austauschbar	Grobe Toleranz für jedes Teil, alle Teile messen und in Gruppen mit gewünschtem Summenmaß ordnen
Kompensationsmethoden (Justiermethoden)	Passmethode	Passen durch spanende Bearbeitung	Passzugabe an einem Funktionsteil	nicht austauschbar	Ein Teil, möglichst das zuletzt zu montierende (Teil 3 oder Passteil), durch Anpassen bei der Montage maßlich so ändern, dass das gewünschte Schließmaß entsteht
			Passzugabe an einem besonderen Passteil		
		Verwendung von Passscheiben		bedingt austauschbar	Passscheiben dienen als Toleranzausgleich und werden anstelle des besonderen Passteils eingesetzt (s. Methode „Passen durch spanende Bearbeitung")
	Einstellmethode	Einstellbares Schlussteil	Einstellen durch spanende Bearbeitung	nicht austauschbar	Schlussteil wird bei Montage fixiert (z. B. verstiftet)
			Einstellen durch Klemmen oder Presssitz	austauschbar	Ring mit Schlitz und Klemmschraube oder Presssitz an gewünschter Stelle positionieren
			Einstellen durch Gewinde	austauschbar	Mutter oder Schraube mit Scheibe als Schlußteil
		Selbstausgleichendes Glied		austauschbar	Teil 2: Druckfeder oder anderes Federelement
TUD-IMM					**Methoden zur Beherrschung von Toleranzketten**

Tab. 3.2 Methoden zur Beherrschung von Toleranzketten Teil 2

Bemerkungen	Vorteile	Nachteile	Anwendung		
			Einzel-/ Kleinserie	Serien- fertigung	Großserie-/ Massenfert.
	Einfache Montageor- ganisation	Je mehr Teile, um so engere Toleranzen er- forderlich			x
Mehr Teile als benötigte Bau- gruppen	Relativ gro- be Toleran- zen möglich	Anfall von Rest- teilen		Bedingt möglich	x
Funktionsteil mit Passzuga be bzw. Pass teil um so viel grö- ßer ferti gen, dass die Zugabe auch bei un- günstigster Schließtoleranz noch ausreicht	Relativ grobe Tole- ranzen mög- lich	Diskontinuierli- che Montage durch Anpass- vorgang: - teilweises Montieren - messen - Passteil bearbeiten - endgültiges Montieren	x		
Passscheiben nach DIN 988 anwenden	Relativ grobe Tole- ranzen mög- lich	Montageabtei- lung benötigt viele Passschei- ben	x	x	x
Fixierung mit Stift, Gewinde- stift oder Ring- schneide	Relativ grobe Tole- ranzen mög- lich	Späne im Monta- geprozess (außer Ringschneide)	Möglichst vermeiden!		
Beispiel: Klemmring Form A, innen geschlitzt	Grobe Tole- ranzen mög- lich, Spiel ist nachstellbar	Relativ teure Klemmringe, un- günstige Demon- tage beim Press- sitz	x	x	x
Mutter bzw. Schraube si- chern!	Grobe Tole- ranzen mög- lich, Spiel ist nachstellbar	Gewindeferti- gung erforderlich	x	x	x
Nur für spiel- freie Montage geeignet	Kein Messen erforderlich	Anwendung bei größeren Axial- kräften prüfen	x	x	x
Methoden zur Beherrschung von Toleranzketten				**Platz**	**TP**

Für die **Passmethode** mit „Passzugabe an einem besonderem Passteil" zeigt Abb. 3.30 als Beispiel das **Schwenkgelenk** eines Roboterarms.

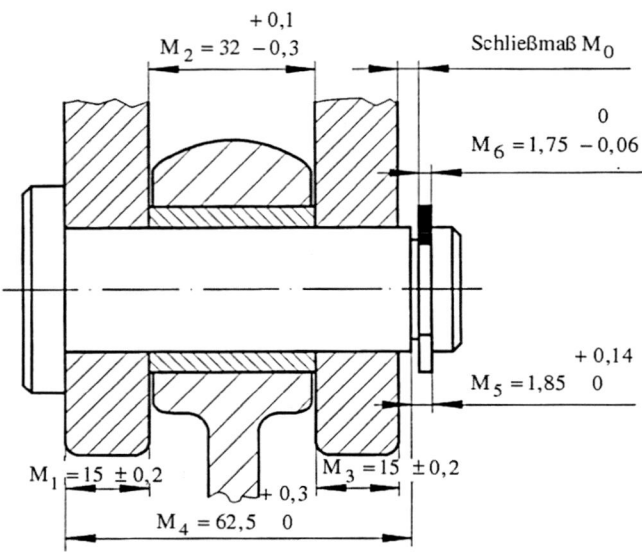

Abb. 3.30 Schwenkgelenk eines Roboterarms

Aufgabe
Überprüfung der Montierbarkeit

Lösungsansatz
Schließmaß $M_0 \geq 0$

Lösung

Schließmaß: $\quad M_0 = +M_4 + M_5 - M_1 - M_2 - M_3 - M_6$
Höchst-Schließmaß: $\quad G_o(M_0) = +62,8 + 1,99 - 2 \times 14,8 - 31,7 - 1,69 = 1,8$ mm
Mindest-Schließmaß: $\quad G_u(M_0) = +62,5 + 1,85 - 2 \times 15,2 - 32,1 - 1,75 = 0,1$ mm

Fazit
Die Montierbarkeit ist gegeben, allerdings ist das Höchst-Schließmaß mit 1,8 mm möglicherweise zu groß.

Zu empfehlen ist die Anwendung der Passmethode mittels Passscheiben nach DIN 988.

Den vorbehandelten Beispielen liegt die arithmetische Toleranzanalyse zugrunde. Dabei wird vom ungünstigsten Fall (Worst Case) ausgegangen.

Dadurch werden überzogene Anforderungen an die Fertigungstoleranzen erhoben.

Werden die Häufigkeitsverteilungen und Zufallskombinationen der Glieder einer Maßkette einbezogen, handelt es sich um die **statistische Toleranzanalyse**.

Deren Ziel ist es, mit größeren Einzeltoleranzen unter Beibehaltung der entscheidenden kleinen Funktionstoleranzen eine viel wirtschaftlichere Einzelteilfertigung und Montage zu ermöglichen.

Voraussetzungen:

Abb. 3.31 Stützlagerung einer Schneckenwelle

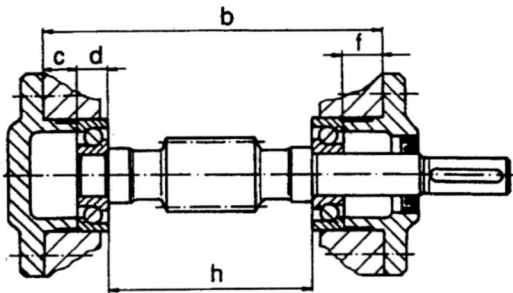

- Es muss ein Überschreitungsanteil des Schließmaßes erlaubt sein.
- Die Verteilungen der Einzelmaße müssen bekannt oder abschätzbar sein.

Als Beispiel zeigt Abb. 3.31 die **Stützlagerung einer Schneckenwelle**.

Lagerart:	Schrägkugellager in X-Anordnung
Abmessungen:	$b = 160_{-0,1}^{0}$; $c = 15 \pm 0,05$; $d = 15_{-0,12}^{0}$; $f = 18,6 \pm 0,05$
Forderung:	axiales Spiel zwischen Schneckenwelle und Schrägkugellagern: $S = 0,2$–$0,8$ mm
Schließmaß:	$h = 96_{-0,06}^{0}$ bei arithmetischer Tolerierung
Schließmaß:	$h = 96_{-0,6}^{0}$ bei statistischer Tolerierung
Fazit:	Die Maßtoleranz des Schließmaßes liegt bei statistischer Tolerierung um eine Zehnerpotenz über der bei arithmetischer Tolerierung.

3.4 Funktionsbehinderungen

Funktionsbehinderungen treten häufig infolge **Reibung** auf.

Äußere Reibung (Festkörperreibung) tritt zwischen den Kontaktflächen von sich berührenden Festkörpern auf. Wenn sich diese Körper relativ zueinander bewegen, tritt **Gleitreibung** auf.

Die Gleitreibungskraft ist die Widerstandskraft, die nach Überwindung der Haftung wirkt. Sie ist antiparallel zur Bewegungsrichtung. Nach dem Coulombschen Gesetz [8] ist sie proportional zur Anpresskraft, aber unabhängig von der Geschwindigkeit sowie der Kontaktfläche und deren Oberflächenrauheit.

Typische Beispiele findet man bei Führungen.

Als Beispiel für eine Flachführung zeigt Abb. 3.32 die **Schublade** eines Tisches.

Abb. 3.32 Schublade

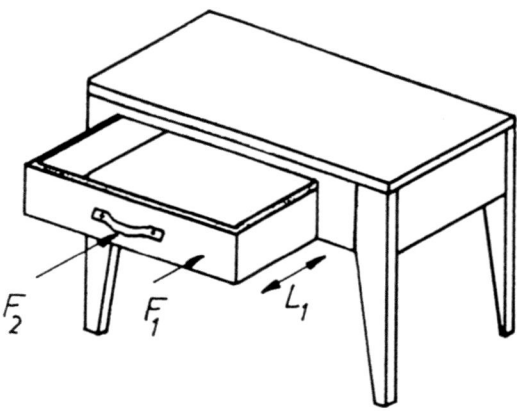

Um ein Verkanten der Schublade bei asymmetrischem Kraftangriff F_1 (Schubladen-effekt) zu vermeiden, sollte das Führungsverhältnis zwischen geführter Länge und ge-führter Breite > 1,3 … 1,5 sein.

Dies gilt allgemein für Flachführungen bei Werkzeugmaschinen, wie die Zahnradver-schiebung mittels Schaltgabel SG in Abb. 3.33 zeigt.

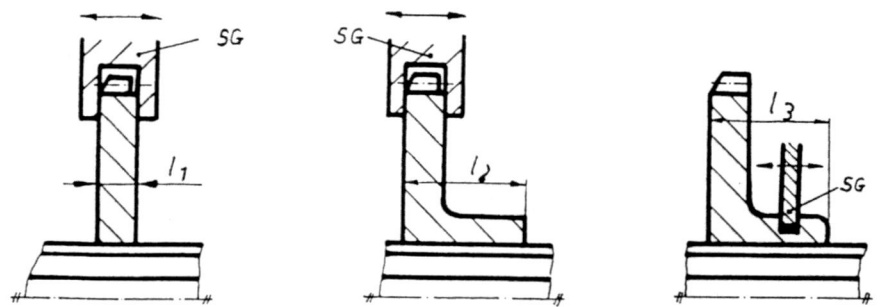

Abb. 3.33 Zahnradverschiebung

Links:

- Der sehr asymmetrische Eingriff der Schaltgabel SG und die geringe Führungslänge l_1 führen zum Verkanten.

Mitte:

- Die größere Führungslänge l_2 verhindert das Verkanten.

Rechts:

- Die Verlagerung des Eingriffs der Schaltgabel SG in unmittelbare Nähe zur Führungsachse ist die ideale Lösung.

Regel
Der Schubladeneffekt kann vermieden werden, indem Führungsachse und Antriebsachse
möglichst nah beieinander angeordnet werden.

Z. B. ist bei einer Drehmaschine die Prismenführung in der Regel auf der Seite der
Schlittenspindel lokalisiert, bei einer Fräsmaschine wirkt der Antrieb mittig in einer
Schwalbenschwanzführung.

Dagegen tritt bei **Schraubzwingen** ein gewollter Schubladeneffekt auf, indem deren
Spannarm auf ihrer bewusst kurzen Führung verkanten kann (Abb. 3.34).

Abb. 3.34 Schraubzwingen

Haftreibung ist eine Kraft, die das Gleiten sich berührender Körper verhindert.
Voraussetzung ist, dass die Kontaktfläche der Körper durch eine äußere Normalkraft auf
Scherung belastet wird.

Die maximale Haftreibungskraft ist proportional zur Normalkraft, unabhängig von der
Größe der Kontaktfläche, jedoch abhängig von den Materialeigenschaften und der Oberflächenbeschaffenheit der Kontaktkörper.

Zielgerichtet angewendet werden sollte die Haftreibung bei dem in Abb. 3.35 abgebildeten **Schnellspannschraubstock** [16].

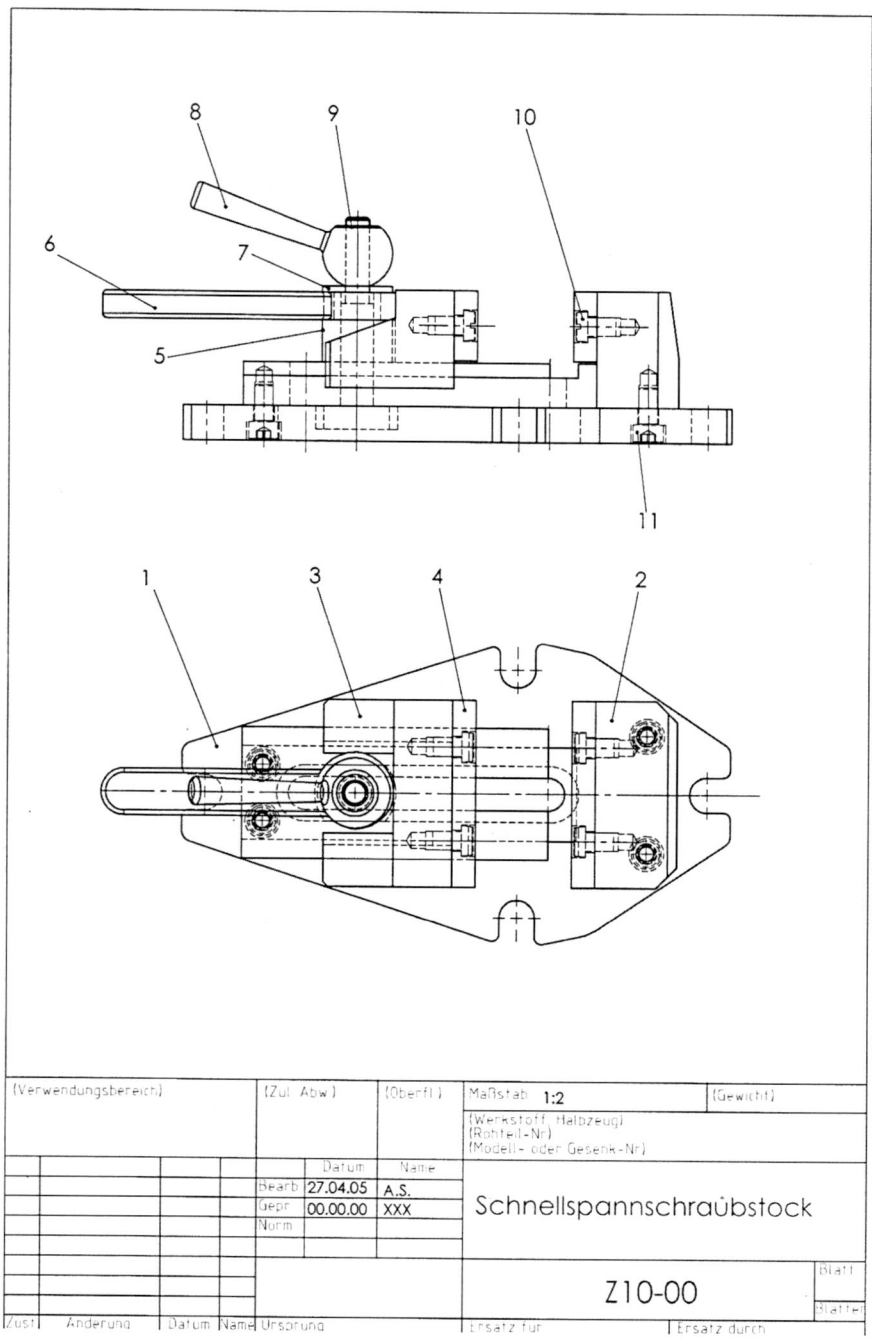

Abb. 3.35 Schnellspannschraubstock Z10-00

Die Zuordnung der Einzelteile zeigt Abb. 3.36.

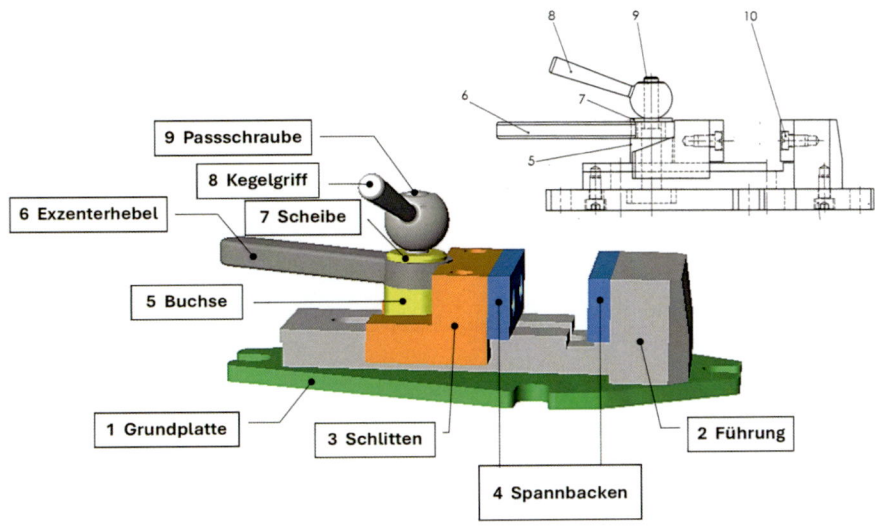

Abb. 3.36   Schnellspannschraubstock – Einzelteilzuordnung

Funktionsbeschreibung

- **Hauptfunktion**
  Spannen eines Werkstücks, Aufnahme von Bearbeitungskräften
- **Sekundärfunktion**
  Positionierung des Werkstücks
- **Nebenbedingungen**
  einfache Bedienbarkeit
  schnelles Verändern der Spannweite
- **Teilfunktionen**
  Befestigen des Schraubstocks am Maschinentisch
  Positionieren des Werkstücks/Spannen des Werkstücks
- **Energiefluss**
  Vorspannen der Passschraube 9 mittels Kegelgriff 8 zur Fixierung der Buchse 5
  Aufbringen der axialen Spannkraft mittels Exzenterhebel 6
- **Baustruktur**
  z. B. Exzenterhebel 6 zum Spannen
  z. B. Grundplatte 1, Führung 2, Schlitten 3 sind gespante Teile
  z. B. Scheibe 7, Kegelgriff 8, Zylinderschraube 10 sind Normteile

Das Funktionsprinzip des Aufbringens der Spannkraft zeigt das Kräfteschaubild in Abb. 3.37.

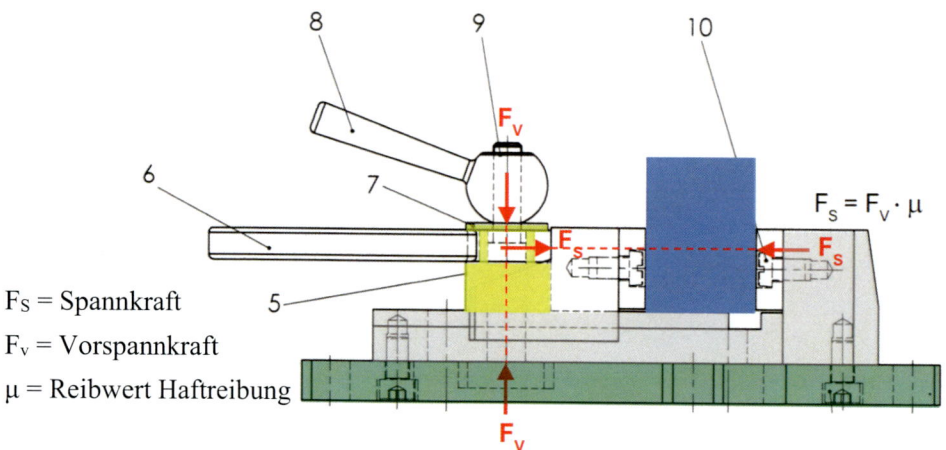

Abb. 3.37 Schnellspannschraubstock – Kräfteschaubild

Mögliche Spannkraft F_S

Die Gegenkraft für die Spannkraft F_S wird durch Kraftschluss erzeugt, indem mittels Anziehen des Kegelgriffs 8 die Passschraube 9 vorgespannt wird.

Bei einem Haftreibwert $\mu \approx 0{,}1$ [9] ist die Spannkraft also nur $\frac{1}{10}$ der Vorspannkraft.

Mit Zylinderschrauben 11 der Größe M6, Festigkeitsklasse 10.9 ist eine Montagevorspannkraft von ca. 15 kN zulässig [10]. Damit kann lediglich mit etwa 1,5 kN vorgespannt werden.

Dies erwies sich in der Praxis als viel zu niedrig, sodass nach besseren Lösungen gesucht wurde.

Der Lösungsansatz war, die kraftschlüssige Vorspannkraft durch eine formschlüssige Vorspannkraft zu ersetzen, jedoch unter Beibehaltung der Forderung nach schnellem Verstellen der Spannweite.

Ein Lösungsbeispiel zeigt Abb. 3.38.

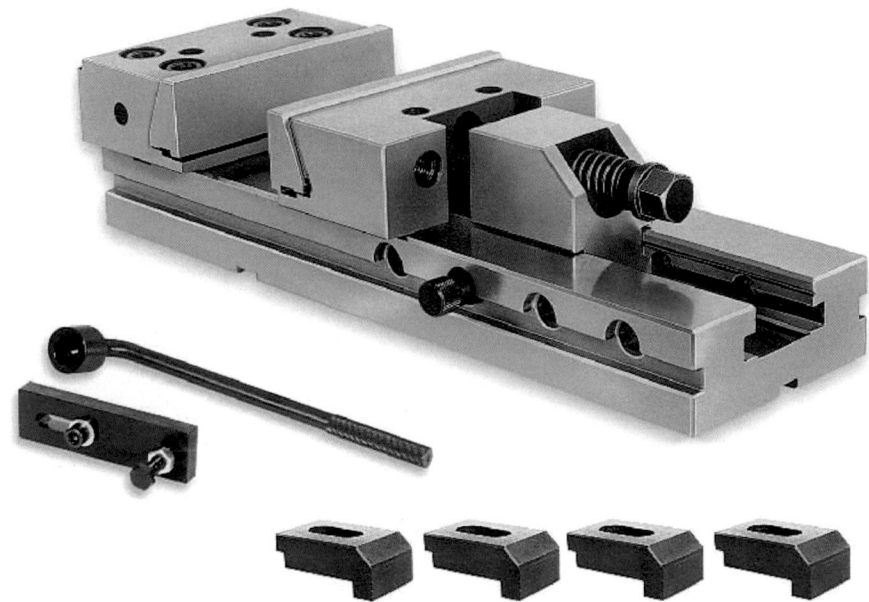

Abb. 3.38   Röhm Maschinenschraubstock MSR-300

Dabei handelt es sich um die Kombination zweier formschlüssiger Systeme:

- Erzeugung der Spannkraft mittels axialer Gewindespindel (Betätigung mittels dargestelltem Außensechskantschlüssel)
- Schnelle Spannbereichsverstellung mittels Bolzensystem mit Rasterbohrungen
- Die Niederzugbacken (unten) dienen der Befestigung des Schraubstocks am Maschinentisch.

Dass auch bei einer formschlüssigen Kraftübertragung die einwandfreie Funktionsausübung behindert sein kann, zeigt die **Verstell- und Spanneinrichtung** in Abb. 3.39.

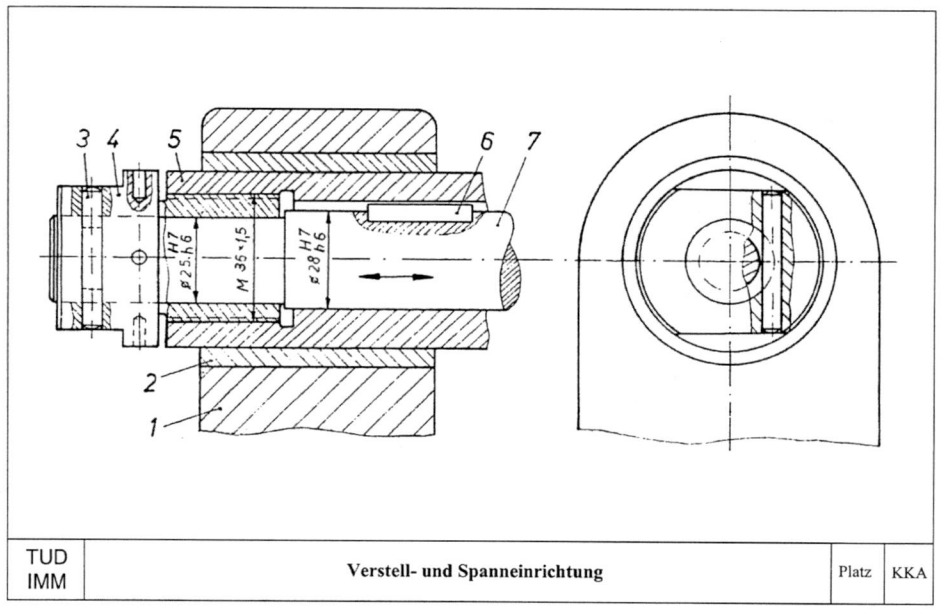

| TUD IMM | **Verstell- und Spanneinrichtung** | Platz | KKA |

Abb. 3.39 Verstell- und Spanneinrichtung

Funktion

Schubstange 7 soll axial nach rechts verstellt werden, um ein nicht dargestelltes Bauteil zu spannen. Dazu wird Hülse 4 mittels Hakenschlüssel (nicht dargestellt) entsprechend gedreht. Die Drehbewegung wird durch das Gewinde mit Hohlachse 5, die über eine Lagerbuchse 2 fest im Gestell 1 sitzt, in eine axiale Linearbewegung gewandelt. Voraussetzung ist, dass sich die Schubstange 7 nicht mitdreht, was durch die Passfeder 6 zur Hohlachse 5 gewährleistet wird.

Energiefluss

Die zum Spannen aufzubringende Axialkraft wird von der Hülse 4 über den in einer Querbohrung sitzenden Zylinderstift 3 auf die Schubstange 7 übertragen. Der Zylinderstift 3 läuft dabei in einer Ringnut der Schubstange 7 um.

Funktionsbehinderung

Der Kontakt zwischen der Seitenfläche der Rechtecknut in der Schubstange 7 und der Zylinderstiftoberfläche ist eine Punktberührung (s. Teilschnitt der Seitenansicht). Infolge der aufgebrachten Kraft entsteht an der Berührungsstelle eine Abplattung und eine (kleine) Berührungsfläche und dadurch in beiden Bauteilen eine charakteristische Flächenpressung.

Größe und Form der Berührungsfläche sowie die Höhe und Verteilung der Flächenpressung können berechnet werden (Hertz'sche Pressung). Beim Beispiel entsteht eine rechteckige, langgestreckte Berührungsfläche (Walzenpressung).

Folge

Bei einer großen aufzubringenden Spannkraft entsteht eine unzulässig hohe Flächen-pressung, was zu plastischen Verformungen der Kontakt-Bauteile führt, die die Funktionalität der Baugruppe beeinträchtigen und schließlich verhindern.

Aber auch „einfache Konstruktionsfehler" können zu Funktionsbehinderungen füh-ren, wie die **Lamellenkupplung** in Abb. 3.40 veranschaulicht.

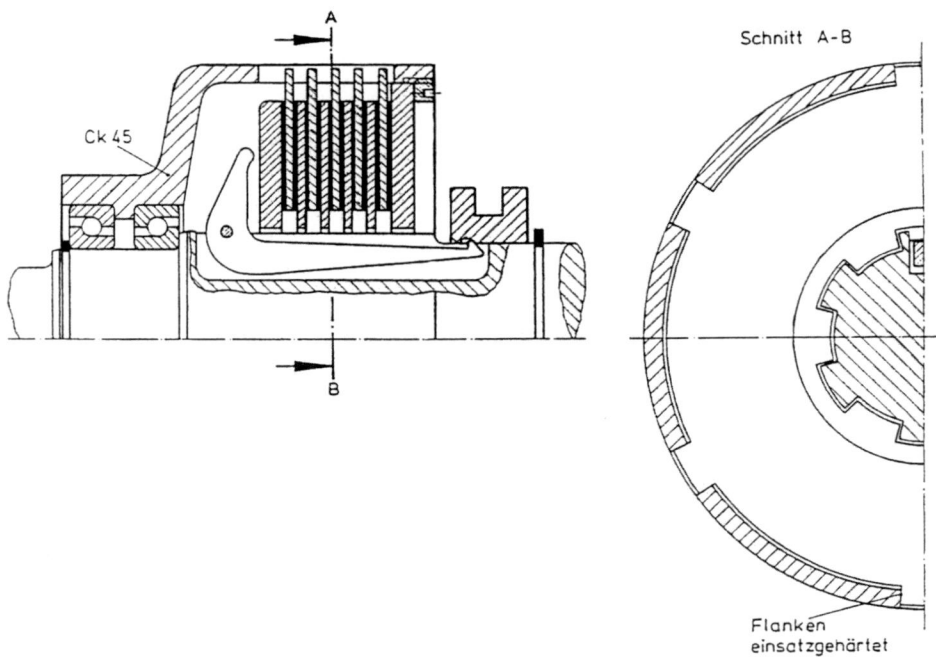

Abb. 3.40 Lamellenkupplung

Funktionsbeschreibung und *kritische Analyse*
- **Hauptfunktion**
  Drehzahl/Drehmoment leiten
  → *nicht gegeben (fehlendes Anpressen des Lamellenpakets)!*
- **Sekundärfunktion**
  schalten (verbinden bzw. trennen)
  → *nicht gegeben (Winkelhebel in Endstellung ohne Anpressmöglichkeit)!*
- **Nebenbedingungen**
  geringe Schaltkraft, gleichmäßige Anpresskraft
  → *nicht gegeben!*
  hohe Verschleißfestigkeit, ggf. Verschleißausgleich
  → *durch Außenlamellen mit Faserpressbelag gegeben*
  einfache Montage →
  → *Außenlamellen nicht montierbar!*

- **Teilfunktionen**
  Drehmoment leiten
  → *formschlüssig gegeben (Lamelleneingriffe zur Welle und zum Gehäuse), kraft-schlüssig nicht gegeben (kein Anpressen des Lamellenpakets)!*
  Drehmoment schalten
  → *nicht möglich (Winkelhebel in Endstellung ohne Anpressen)!*
  Schaltkraft in Normalkraft wandeln
  → *nicht möglich (Winkelhebel)!*
  Abstützen von Welle/Gehäuse
  → *bei Welle nicht erkennbar/bei Gehäuse mit Stützlagerung gegeben*

Funktionsstruktur (Abb. 3.41)

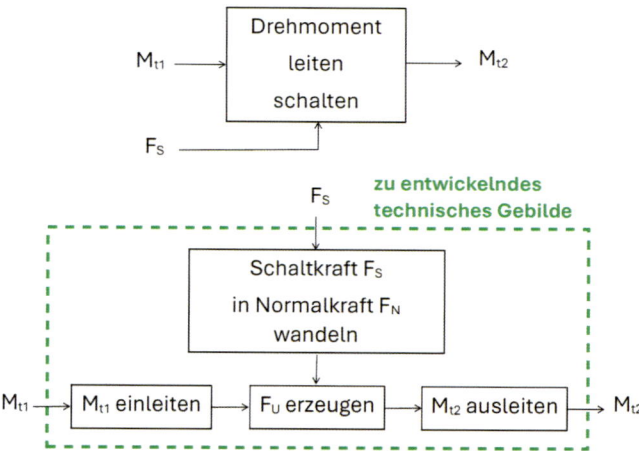

Abb. 3.41 Lamellenkupplung Funktionsstruktur

- **Energiefluss**
  Drehmoment in Welle – Innenlamellen – Außenlamellen – Druckscheibe Gehäuse
  → *nicht durchgängig gegeben (Lamellenpaket)!*

Wirkstruktur (Abb. 3.42)

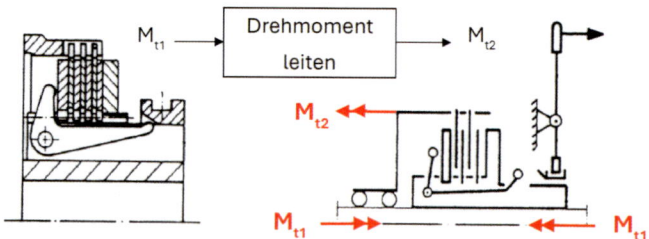

Abb. 3.42 Lamellenkupplung – Wirkstruktur

- Wirkungsweise
  Schaltkraft auf Winkelhebel – Anpresskraft auf Lamellenpaket – Axialkraft in Gehäuse
  → *nicht gegeben!*

Physikalische Effekte (Abb. 3.43)

Abb. 3.43 Lamellenkupplung
– Physikalische Effekte

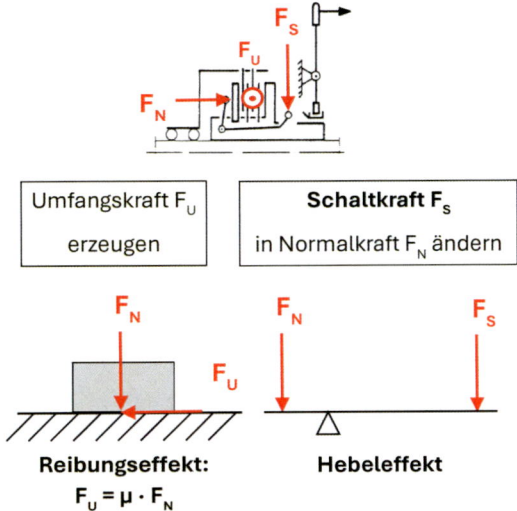

- **Baustruktur**
  z. B. Lamellen für kraftschlüssige Drehmomentübertragung.
  nicht funktionsfähig!
  z. B. Schaltring als Drehteil
  es fehlt jedoch die Montageschräge für die Winkelhebel!
  z. B. Welle als Drehteil
  aber Nuten für Winkelhebel nicht fertigbar, Keilwellenprofil falsch (s. Schnitt A–B)!

Genormte **Keilwellenprofile** (Tab. 3.3)

Tab. 3.3 Keilwellenprofile nach DIN ISO 14 und DIN 5481

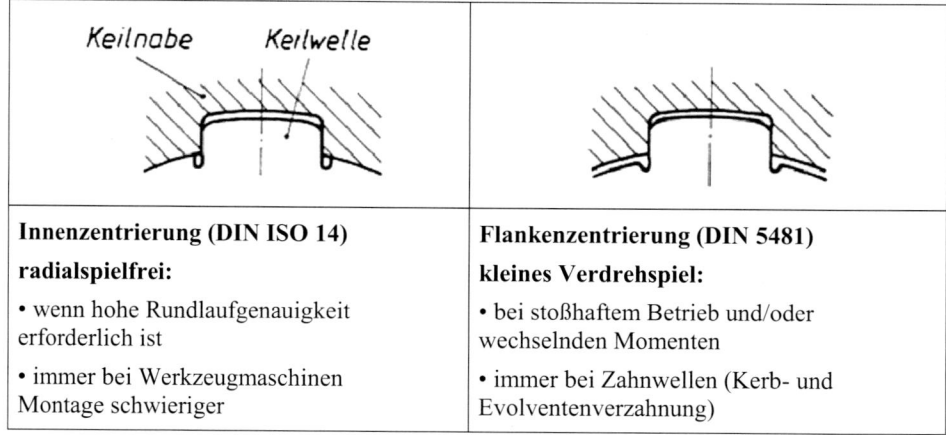

Innenzentrierung (DIN ISO 14)	Flankenzentrierung (DIN 5481)
radialspielfrei:	**kleines Verdrehspiel:**
• wenn hohe Rundlaufgenauigkeit erforderlich ist	• bei stoßhaftem Betrieb und/oder wechselnden Momenten
• immer bei Werkzeugmaschinen Montage schwieriger	• immer bei Zahnwellen (Kerb- und Evolventenverzahnung)

Abb. 3.44 zeigt eine funktions- und fertigungsgerecht gestaltete Lamellenkupplung der Firma **Ortlinghaus**.

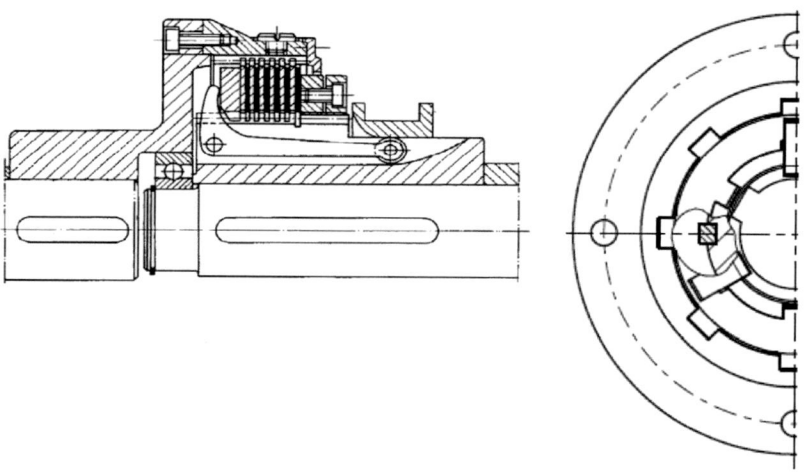

Abb. 3.44 Lamellenkupplung Ortlinghaus. (Aus [11]; mit freundlicher Genehmigung der Firma Ortlinghaus Wermelskirchen)

Diese mechanisch betätigte Lamellenkupplung Ausführung 0100-000-23 vermeidet die oben aufgelisteten Konstruktionsfehler.

- Sowohl „Drehmoment leiten" als auch „Drehmoment schalten" funktionieren.
- Die Außenlamellen sind montierbar.
- Die Wellennuten für die Winkelhebel sind fertigbar.
- Ein begrenzter Lamellenverschleiß wird durch federnde Winkelhebel angestrebt.
- Der Schaltring weist eine Montagerundung für die Winkelhebel auf.
- Das Keilwellenprofil ist korrekt.

3.5 Montieren und Justieren

Die **Montage einer Maschine** bzw. eines Gerätes umfasst die Summe aller Tätigkeiten zum Zusammenbau von geometrisch bestimmten Bauteilen, Baugruppen oder fertigen Produkten, insbesondere durch Fügen, Handhaben und Kontrollieren.

Die **Montage einer Baugruppe** soll mit den verfügbaren Hilfsmitteln möglichst einfach und kostengünstig möglich sein. Umfangreiche Konstruktionen sollten so gestaltet werden, dass mehrere Unterbaugruppen parallel vormontiert werden können.

Folgende **Unterlagen** werden zur Durchführung der Montage benötigt:

- Zusammenbauzeichnung
- Stückliste
- Montageplan
- Montagehilfsmittel

DIN 199-1:

- Die Zusammenbauzeichnung ist eine technische Zeichnung zur Erläuterung der räumlichen Lage und Anzahl von Teilen für Zusammenbauvorgänge.
- Die Stückliste ist ein für den jeweiligen Zweck vollständiges, formal aufgebautes Verzeichnis für einen Gegenstand, das alle zugehörenden Gegenstände unter Angabe von Bezeichnung (Benennung, Sachnummer), Menge und Einheit enthält. Als Stücklisten werden nur solche Verzeichnisse bezeichnet, die sich auf die Menge 1 eines Gegenstandes beziehen

Zusammenbauzeichnung – Merkmale
- Erkennbarkeit aller Funktionen der Baugruppe
- Alle Einzelteile sind mindestens einmal sichtbar dargestellt.
- Positionsnummern für alle Einzelteilgruppen.
- Haupt- und Anschlussmaße.
- Stückliste.
- Schriftfeldangaben.

Montageplan
- Fügen (Verschrauben, Verstiften, Schweißen)
- Handhaben (Greifen, Bewegen, Umdrehen)
- Justieren (Passen, Einstellen)
- Hilfsoperationen (Erwärmen, Kühlen, Abdichten, Entgraten)
- Prüfen

Abb. 3.45 zeigt als Beispiel für die Montage die Baugruppe **Schieber**.

Abb. 3.45 Schieber

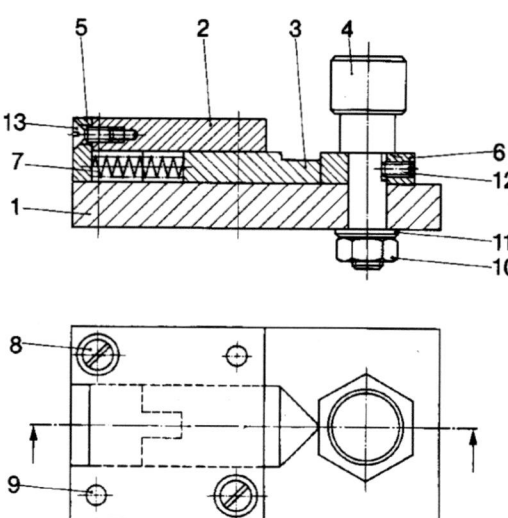

Bei dieser Baugruppenzeichnung fehlen die Merkmale Haupt- und Abschlussmaße sowie Stückliste und das Schriftfeld.

Funktionsbeschreibung

- Die Hauptfunktion der Baugruppe besteht darin, den Schieber 3 horizontal nach links zu verschieben und wieder in die Ausgangslage zurückzuführen.
- Beim Drehen des Drehgriffs 4 wird die Drehbewegung auf den Sechskant 6 übertragen.
- Sechskant 6 drückt bei der Drehbewegung Schieber 3 nach links.
- Bei einem Drehwinkel von 30° wird der maximale Anschlag von Schieber 3 erreicht. Wird dieser Winkel überschritten, drückt Druckfeder 7 Schieber 3 wieder nach rechts.
- Nach einem Drehwinkel von 60° ist die Ausgangsstellung wieder erreicht.

Tab. 3.4 zeigt den **Montageplan** des Schiebers.

Tab. 3.4 Schieber Montageplan

Nr	Arbeitsgang	Hilfsmittel
1.	Gegenplatte 5 und Brücke 2 mit Senkschraube 13 verschrauben ⇒ Unterbaugruppe G1 (Teile 2 + 5 + 13)	Schraubendreher
2.	Zylinderstifte 9 in Grundplatte 1 einsetzen	
3.	Unterbaugruppe G1 auf Grundplatte 1 aufsetzen und justieren	
4.	Unterbaugruppe G1 mit Grundplatte 1 verstiften und verschrauben ⇒ Unterbaugruppe G3 (Unterbaugruppe G1 + Teile 1 + 8 + 9)	Schraubendreher
5.	Sechskant 6 und Drehgriff 4 mit Gewindestift 12 verschrauben ⇒ Unterbaugruppe G2 (Teile 4 + 6 + 12)	Schraubendreher
6.	Druckfeder 7 und Schieber 3 in Unterbaugruppe G3 einlegen	
7.	Unterbaugruppe G2 in Grundplatte 1 einführen und mit Sechskant-mutter 10 und Scheibe 11 vorspannen	Sechskantschlüssel
8.	Funktions- und Qualitätskontrolle	

In der Konstruktionsphase ist auf montagegerechte Gestaltung der Baugruppen und Bauelemente zu achten.

Schwerpunkte montagegerechter Strukturierung (nach [16])

- Gliederung in zweckmäßige Unterbaugruppen.
- So wenig wie mögliche Fügerichtungen.
- Gleichzeitiges Anschnäbeln vermeiden.
- So wenig wie mögliche Bauteile, Anwendung von: Normteilen (z. B. Wälzlagern) Zukaufteilen (z. B. Motoren, Getriebe, Kupplungen, …) „eigen"-gefertigten Einzelteilen („Zeichnungsteile")
- Biegeschlaffe Bauteile vermeiden.
- Fertigungsgerechte Einzelteilgestaltung mit Festlegung des Fertigungsverfahrens der Fertigungsmittel der Qualität in Verbindung mit der fertigungsgerechten Werkstoffauswahl und unter Anwendung fertigungsgerechter Fertigungsunterlagen
- Zugänglichkeit für Montagehilfsmittel sichern.
- Halteoperationen vermeiden.

Abb. 3.46 zeigt als Beispiel für die Schwerpunkte montagegerechter Strukturierung „So wenig wie mögliche Fügerichtungen" und „Biegeschlaffe Bauteile vermeiden" einen **Gartengeräte-Freilauf** [16].

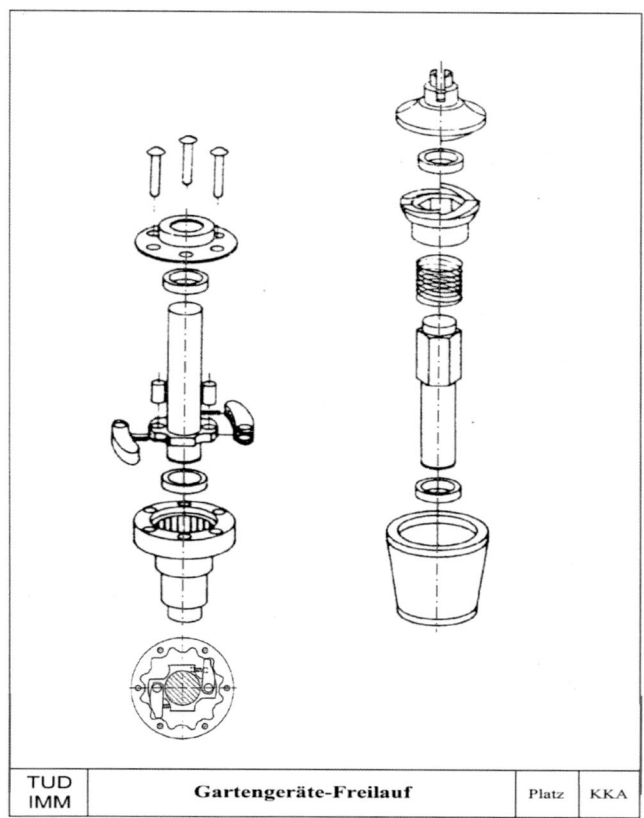

| TUD IMM | Gartengeräte-Freilauf | Platz | KKA |

Abb. 3.46 Gartengeräte-Freilauf

Ausführungsvarianten

Links

Der zu analysierende Gartengeräte-Freilauf bestand aus 17 Einzelteilen und wies 2 Füge-richtungen auf. Die komplizierte Freilaufkupplung aus Sperrklinken und Sperrverzahnung enthielt kleine, schlecht handhabbare radial angeordnete biegeschlaffe Druckfedern.

Rechts

Für die mit dem Ziel der Montageautomatisierung überarbeitete Konstruktion mit Stirnzahnkupplung und einer axial angeordneten großen Druckfeder ist nur noch eine Fügerichtung erforderlich, es verblieben noch 7 Einzelteile – als Basis die Welle und das Gehäuse, jeweils geändert. Die Verbindungselemente wurden stark reduziert.

DIN 1319-1-1995: **Justieren** ist Einstellen oder Abgleichen eines Messobjektes, um systematische Maßabweichungen so weit zu beseitigen, wie es für die vorgesehene An-wendung erforderlich ist. Justierung erfordert einen Eingriff, der das Messobjekt blei-bend verändert."

Bei der **Prüflehre** [12] in Abb. 3.47 ist ein solcher Justierprozess erforderlich.

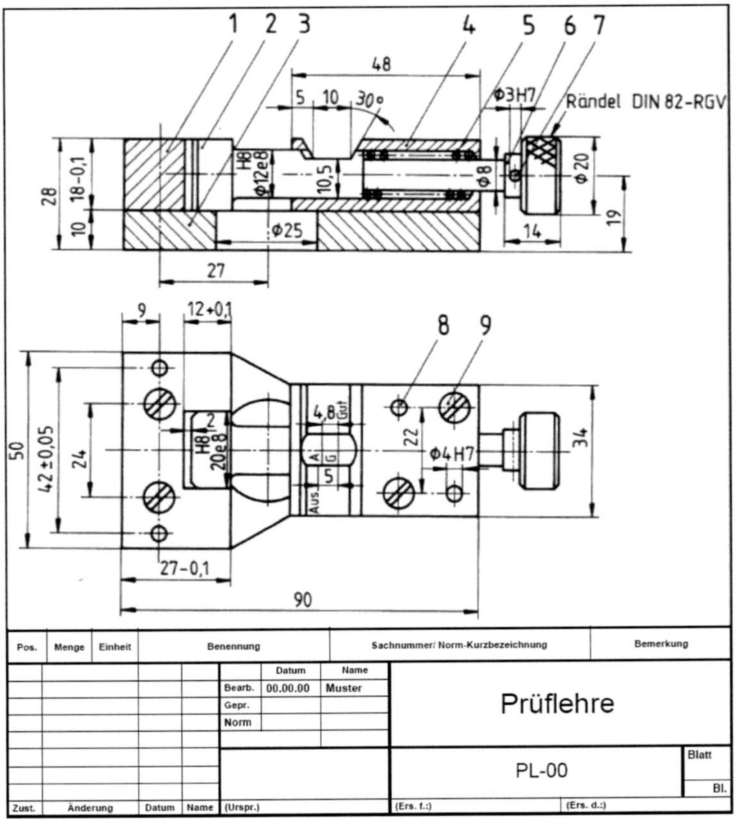

Abb. 3.47 Prüflehre

Einzelteile:

1 Anschlag	4 Führung	7 Zylinderstift
2 Prüfbolzen	5 Druckfeder	8 Zylinderstift
3 Grundplatte	6 Rändel-Knopf	9 Zylinderschraube

Funktionsbeschreibung

- Die Hauptfunktion der Baugruppe besteht darin, die Dicke eines Werkstücks zu überprüfen.
- Dazu wird das Werkstück zwischen Anschlag 1 und Prüfbolzen 2, der nach rechts geschoben sein muss, eingelegt. Danach lässt man den Prüfbolzen 2 los, wodurch er mit der Druckfeder 5 nach links gegen das eingelegte Werkstück (nicht dargestellt) gedrückt wird.
- Der Vorteil dieser Prüflehre ist, dass sich das Prüfergebnis mit einem einzigen Prüfvorgang ermitteln lässt (im Gegensatz z. B. zu einer Rachenlehre).

Prüfergebnisse
- Die Prüfergebnisse kann man in der Quernut der Führung 4 ablesen.
- Gutteil: Die Markierungen „A" und „G" auf dem Prüfbolzen 2 befinden sich zwischen den Markierungen „Aus" und „Gut" auf der Führung 4.
- Nacharbeitsteil (zu dick): Die Markierung „G" befindet sich rechts von der Markierung „Gut".
- Ausschussteil (zu dünn): Die Markierung „A" befindet sich links von der Markierung „Aus".

Grenzwerte der Werkstückdicke
- Bei dieser Prüfung handelt es sich um eine Lehrung, bei der der Istzustand des Prüfobjektes (Istmaß I) mit dessen Sollzustand verglichen wird.
- Wie lassen sich die Grenzen der Sollwerte der Werkstückdicke d aus der Zeichnung ermitteln?
- Lösungsansatz: $d_{min} \leq I \leq d_{max}$
  $\Rightarrow$ Markierung „G" deckungsgleich mit Markierung „Gut", Abstand 2 mm
  $d_{max} = 2$ mm
  $d_{min} = 2 - (5 - 4{,}8) = 2 - 0{,}2 = 1{,}8$ mm

Montageplan der Prüflehre gemäß Tab. 3.5.

Tab. 3.5 Prüflehre Montageplan

Nr	Arbeitsgang	Hilfsmittel
1.	Parallelmontage: Anschlag 1 und Grundplatte 3 mit Zylinderschrauben 9 und Zylinderstiften 8 verbinden $\Rightarrow$ Unterbaugruppe G1	Schraubendreher
2.	Parallelmontage: Druckfeder 5 und Prüfbolzen 2 in Führung 4 einstecken sowie mit Rändel-Knopf 6 und Zylinderstift 7 axial sichern $\Rightarrow$ Unterbaugruppe G2	
3.	Unterbaugruppe G1 auf Unterbaugruppe G2 aufsetzen und justieren, Bohrungen in Grundplatte 3 fertigen, mit Zylinderschrauben 9 und Zylinderstiften 8 beide Unterbaugruppen miteinander verbinden	Schraubendreher

Erkenntnisse
- Dieser Montageplan ergibt sich zwangsweise aus der Bemaßung/Tolerierung.
- Die Abstände der Bohrungen für die Zylinderstifte 8 von Anschlag 1 und Grundplatte 3 linksseitig sind vertikal relativ eng toleriert (±0,05), weswegen die Bohrungen beider Teile vorgefertigt werden können.
- Die analogen Bohrungen von Führung 4 und Grundplatte 3 rechtsseitig sind vertikal nur mit Allgemeintoleranz versehen, horizontal gar nicht bemaßt.
- Daraus kann man schlussfolgern, dass Unterbaugruppe G 2 und Grundplatte 3 zueinander zu justieren sind, um die geforderte Genauigkeit der Markierungslagen zu erreichen.

3.6   Räumliche Anordnung

Zusammenbauzeichnungen geben Informationen über die **räumliche Anordnung** der Komponenten einer Maschine zueinander. Sie zeigen, wie die einzelnen Teile zusammengefügt werden und welche Beziehungen und Abstände zwischen ihnen bestehen.

Die Anordnung der verschiedenen Elemente orientiert sich entweder an technischen Erfordernissen oder an der Benutzung durch den Menschen.

In Abb. 3.48 wird gezeigt, aus welchen räumlich angeordneten Baugruppen ein **Personenkraftwagen** besteht.

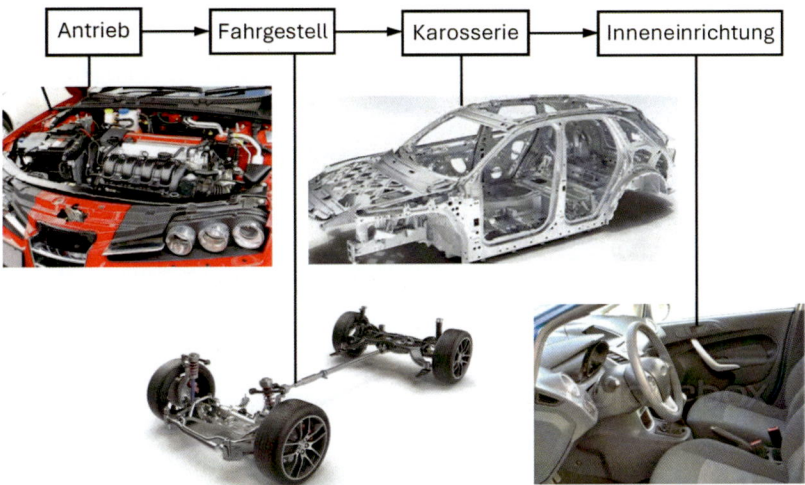

Abb. 3.48 Baugruppen eines Personenkraftwagens

Antrieb, Fahrgestell und Karosserie werden nach **technischen Erfordernissen** angeordnet.

Beispiel Karosserie:

- Stoßstangen
- Scheibenwischer
- Beleuchtung
- Blinker

Die Inneneinrichtung wird nach der **Nutzung durch den Menschen** ausgerichtet.

- Lenkrad, Airbags
- Instrumententafel inkl. Radio, Navigationssystem
- Sitzanordnung, -form und -größe

- Sonnenblenden
- Teppiche und Matten
- Kofferraum
- ggf. Schiebedach

Die Arbeitsebene von Werkzeugmaschinen ist z. B. in Höhe des Wirkungsbereiches der menschlichen Hände angeordnet, bei einer **Drehmaschine** u. a. das Drehmaschinen-futter, der Reitstock sowie der Werkzeughalter auf dem Werkzeugschlitten in Abb. 3.49.

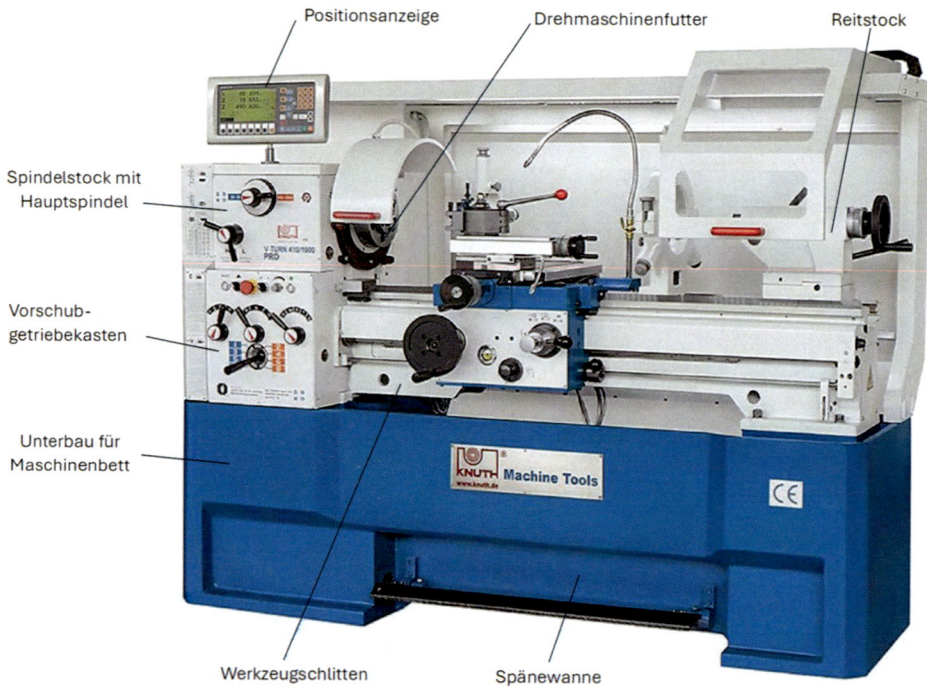

Abb. 3.49 Knuth-Drehmaschine V-Turn 410 PRO (Aus [13]; mit freundlicher Genehmigung der KNUTH Werkzeugmaschinen GmbH)

Funktionsbeschreibung
- Mit einer Drehmaschine werden rotationssymmetrische Werkstücke (Drehteile) hergestellt.
- Schlanke Teile werden am Reitstock gegengelagert.
- Die horizontal angeordnete Hauptspindel und die daraus folgende horizontale Fertigungslage des Werkstücks führen dazu, dass Drehteile auf der Einzelteil-zeichnung auch horizontal dargestellt werden.
- Das Werkstück (eingespannt im Drehmaschinenfutter an der Hauptspindel) führt die Schnittbewegung aus, das Werkzeug auf dem Werkzeugschlitten die Vorschub-bewegung.

Das **Verfahrensprinzip Drehen** demonstriert die beim Spanungsprozess erforderlichen Relativbewegungen und auftretenden Kräfte (Abb. 3.50).

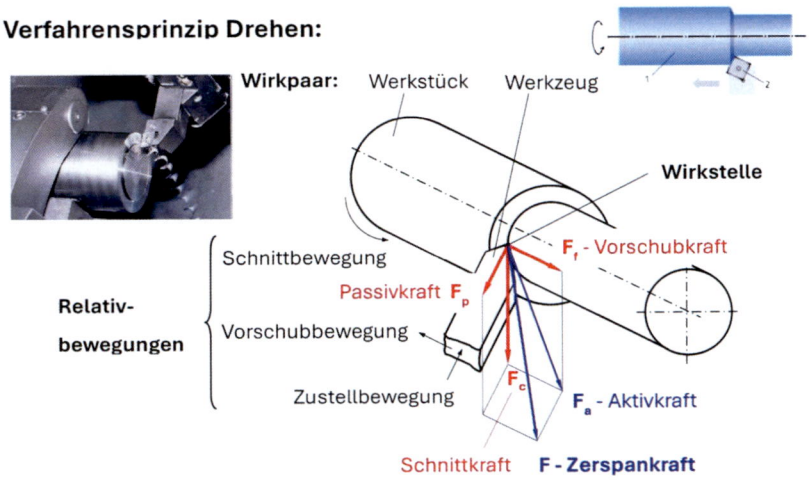

Abb. 3.50 Verfahrensprinzip Drehen

DIN 8589-01-2003-09: Zur Realisierung des Trennvorgangs sind zwischen Werkstück und Werkzeug, dem Wirkpaar, Relativbewegungen (Schnitt-, Vorschub- und Zustellbewegung) erforderlich, die von einem oder beiden Partnern des Wirkpaares ausgeführt werden.

Bei Baugruppen des Maschinenbaus dominiert die zweidimensionale Anordnung, z. B. bei **Zahnradgetrieben** (Abb. 3.51).

Abb. 3.51 Kegel-
Stirnradgetriebe – Welter
zahnrad GmbH (Aus [14]; mit
freundlicher Genehmigung der
WELTER zahnrad GmbH)

Ein typisches Beispiel dreidimensionaler Anordnung von Baugruppen im Maschinenbau ist der **Rückwärtsgang** in einem Kraftfahrzeug-Schaltgetriebe (Schalthebelstellung
R in Abb. 3.52).

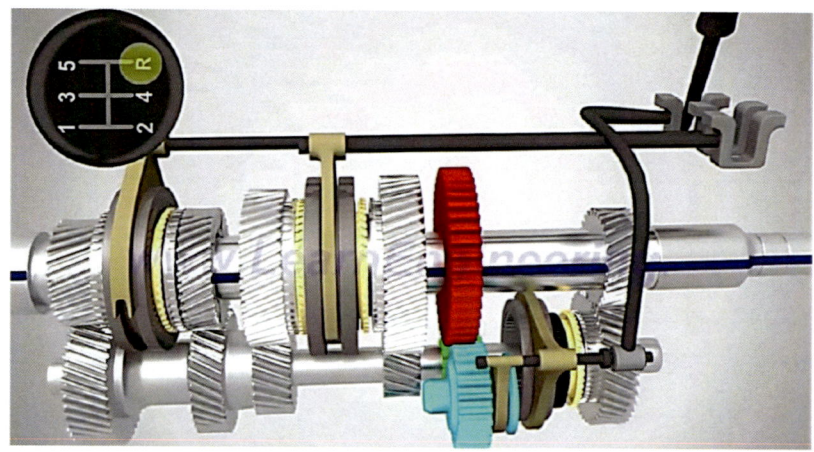

Abb. 3.52 Schaltmuffengetriebe – Baustruktur

Funktionsbeschreibung
Zwischen Vorgelegewelle (unten) und Abtriebswelle (Mitte) wird ein Zahnrad (grün)
zwischengeschaltet und bewirkt damit eine Drehrichtungsumkehr der Abtriebswelle. Das
Verschieben dieses Zahnrades erfolgt nicht synchronisiert, weshalb der Rückwärtsgang
nur im Stillstand des Autos betätigt werden kann.

Literatur

1. Schießer, K.; Schlindwein, K.; Steinhilper, W.: Konstruieren und Gestalten. Vogel 1. Aufl.
   (1989)
2. Anwendungsbeispiele für Wälzlager. INA-Wälzlager Schaeffler 6. Nachdruck (1991)
3. Ehrlenspiel, K. und Meerkamm, H.: Integrierte Produktentwicklung. Hanser 6. Aufl. (2017)
4. Dubbel: Taschenbuch für den Maschinenbau. Springer 26. Aufl. (2020)
5. Böttcher, P. und Forberg, R.:Technisches Zeichnen. Springer Vieweg 26. Aufl. (2013)
6. Platz, B.: Konstruktionslehre. Vorlesung Staatliche Studienakademie Riesa
7. Perović, B.: Vorrichtungen im Werkzeugmaschinenbau. Springer Vieweg (2013)
8. Meschede, D.: Gerthsen Physik. Springer 25. Aufl. (2015)
9. Decker, K.: Maschinenelemente. Hanser 21. Aufl. (2023)
10. Systematische Berechnung hochbeanspruchter Schraubenverbindungen. Richtlinie VDI 2230-
    2003-02
11. Ortlinghaus – Lamellen, Kupplungen, Bremsen, Systeme. Mechanisch betätigte Kupplungen
    [2024]
12. Hoischen, H. und Fritz, A.: Technisches Zeichnen. Cornelsen 39. Aufl. (2024)

13. Knuth – Konventionelle Drehmaschinen [2025]

14. WELTER – Winkel- & Parallelwellengetriebe [2025]

15. Bosch, T.: Methode zur Reduktion technischer Nebenzeiten in der spanenden Fertigung. Dissertation Universität Stuttgart (2016)

16. Hoenow, G. und Meißner, T.: Entwerfen und Gestalten im Maschinenbau. Hanser 5. Aufl. (2022)

Einzelteil (Modul)

4

Inhaltsverzeichnis

4.1 Funktion des Einzelteils in der Baugruppe

Die Gestalt einer Baugruppe wird durch die Art, die Anzahl und die räumliche Lage und Anordnung der beteiligten Einzelteile bestimmt [1].

Ein **Einzelteil** ist ein technisch beschriebenes, nicht zerstörungsfrei zerlegbares Teil (DIN 199-1), das nach einem bestimmten Arbeitsplan gefertigt wird.

Innerhalb der Baugruppe wird jeder Teilfunktion ein Einzelteil zugeordnet:

- Tragende Funktion (z. B. Gehäuse, Rahmen)
- Übertragung von Kräften und/oder Bewegungen (z. B. Wellen, Zahnräder, Kupplungen)
- Fixierung und Verbindung (z. B. Schrauben, Schweißnähte)
- Abdichtung und Schutz (z. B. Wellendichtringe, Deckel)

© Der/die Autor(en), exklusiv lizenziert an Springer Fachmedien Wiesbaden GmbH, ein Teil von Springer Nature 2026
B. Platz, *Konstruktionsanalyse im Maschinenbau*,
https://doi.org/10.1007/978-3-658-49359-2_4

Arten von Einzelteilen

- **Normteile,**

  die in allen Einzelheiten in einer Norm festgelegt und beschrieben sind. Zu ihnen gehören DIN-Normteile, aber auch innerbetrieblich genormte Teile. Normteile werden in der Regel nicht selbst hergestellt, sondern von hierauf spezialisierten Herstellern zugekauft.

  Typische Normteile sind:

  Verbindungselemente (z. B. Schrauben, Muttern, Scheiben, Bolzen, Splinte, Federn, Passfedern)

  Dichtungen (z. B. Wellendichtring, O-Ring)

  Bedienelemente (z. B. Handräder nach Ganter-Norm)

  Rohre, Profile und Halbzeuge

  Armaturen, Rohrverbindungen, Flansche

  Lager aller Art (Wälzlager, Gleitlager)

  Maschinenwerkzeuge, Spannzeuge, Handwerkzeuge

  elektrische und elektronische Bauelemente

- **Zukaufteile,**

  die unverändert in verschiedenen Produkten verwendet werden können, jedoch keine Normteile sind (z. B. Motoren, Getriebe, Kupplungen).

- **Wiederholteile,**

  die in mehreren Varianten eines Erzeugnisses oder einer Gruppe vorkommen, also die gleichbleibende Basis der Variante ausmachen.

- **Variante Teile,**

  die bis auf wenige Einzelheiten einander gleich sind.

- **Ähnliche Teile,**

  die zwar verschieden, unter manchen Gesichtspunkten dennoch vergleichbar sind.

- **Ersatzteile,**

  die defekte oder verschlissene Bauteile eines komplexeren Produktes ersetzen.

- **Spezifische Teile,**

  die speziell für eine Verwendung konstruiert und gefertigt oder eingekauft werden (z. B. An- und/oder Abtriebswelle, Kegelrad, Gehäuse, Deckel).

Methodisches Vorgehen

- Beim Entwerfen eines Produkts werden Baugruppen und Bauteile so angeordnet und aufgebaut, dass durch manuelle oder automatisierte Montage mit minimalem und wirtschaftlichem Aufwand alle Produktfunktionen eindeutig festgelegt sind.
- Montagegerechte Baustruktur des Erzeugnisses, d. h. Gliederung in Baugruppen, Unterbaugruppen und/oder Einzelteile.

Nachfolgende Darstellung in Abb. 4.1 zeigt die montagegerecht strukturierte Baugruppe **Kegelradgetriebe** [2].

Abb. 4.1 Kegelradgetriebe (Aus [2]; mit freundlicher Genehmigung von Hermann Metz, tec.Lehrerfreund)

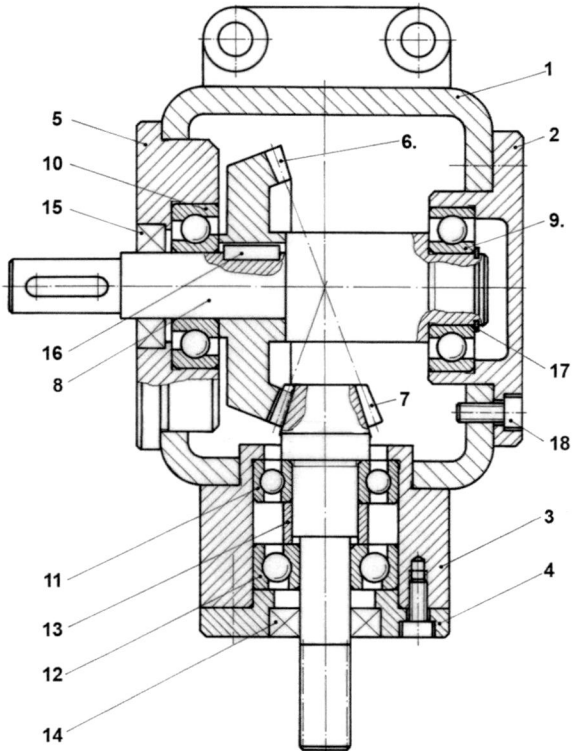

Baustruktur des Kegelradgetriebes

- **2 Unterbaugruppen**:
  Antriebswelle 7 mit den Einzelteilen Z-Buchse 3, Deckel 4, Rillenkugellager 11, Schrägkugellager 12, Distanzhülse 13, Wellendichtring 14
  Abtriebswelle 8 mit den Einzelteilen Lagerdeckel 5, Kegelrad 6, Rillenkugellager 9, Schrägkugellager 10, Wellendichtring 15, Passfeder 16, Sicherungsring 17
- **2 Einzelteile**:
  Gehäuse 1
  Gehäusedeckel 2

Funktion der Einzelteile im Kegelradgetriebe

- **1 Gehäuse**: Aufnahme aller Einzelteile, Schutz vor äußeren Einflüssen.
- **2 Gehäusedeckel**: Schließen der Gehäusebohrung Abtriebswelle 8 rechts, Aufnahme des Rillenkugellagers 9.
- **3 Z-Buchse**: Aufnahme der Lagerung der Antriebswelle 7.
- **4 Deckel**: Schließen der Z-Buchse 3, Aufnahme des Wellendichtrings 14.

- **5 Lagerdeckel**: Schließen der Gehäusebohrung Abtriebswelle 8 links, Aufnahme von Schrägkugellager 10 und Wellendichtring 15.
- **6 Kegelrad**: Drehzahl- / Drehmomentübertragung und -wandlung Ritzelwelle $7 \rightarrow$ Abtriebswelle 8 ($i = \frac{z_2}{z_1} = \frac{35}{14} = 2{,}5$).
- **7 Antriebswelle** (Ritzelwelle): Drehzahl- / Drehmomenteinleitung.
- **Abtriebswelle 8**: Drehzahl- / Drehmomentausleitung.
- **9, 11 Rillenkugellager**: Aufnahme der Radial- und Axialkräfte, Ermöglichen der Drehbewegung der Wellen 7 und 8.
- **10, 12 Schrägkugellager**: Aufnahme der Radial- und besonders Axialkräfte, Ermöglichen der Drehbewegung der Wellen 7 und 8.
- **13 Distanzbuchse**: Sicherung des Abstands zwischen den Lagern 11 und 12.
- **14, 15 Wellendichtringe**: Abdichtung zwischen den drehenden Wellen 7, 8 und den Deckeln 4, 5.
- **16 Passfeder**: Drehzahl- / Drehmomentleitung Kegelrad $6 \rightarrow$ Abtriebswelle 8.
- **17 Sicherungsring**: Axialsicherung des Rillenkugellagers 9.
- **18 Zylinderschrauben**: Befestigung des Deckels 4 an Z-Buchse 3 sowie des Gehäusedeckels 2 am Gehäuse 1.

Abb. 4.2 zeigt als Beispiel für ein Einzelteil den **Lagerdeckel** einer anderen Baugruppe.

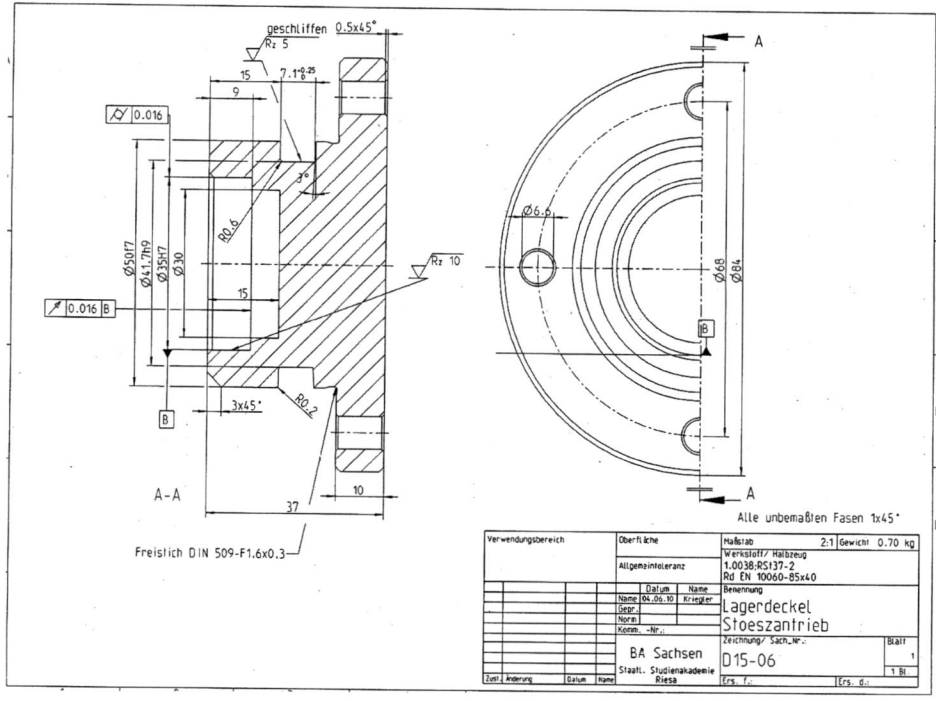

Abb. 4.2 Lagerdeckel – Einzelteilzeichnung

Erläuterungen
- Dieser Lagerdeckel verschließt die Gehäusebohrung eines Stößelantriebs.
- ⌀ 50 f7 ist der Zentrierdurchmesser mit der zugehörigen Gehäusebohrung und enthält die Nut für einen O-Ring DIN 3771–42,5 × 3,55.
- ⌀ 35 H7 ist der Sitz eines Schrägkugellagers DIN 628–7202 B, das mit seiner Breite B = 11 mm links herausragt.

Die **Einzelteilzeichnung** ist eine technische Zeichnung, die ein Einzelteil ohne die räumliche Zuordnung zu anderen Teilen darstellt (DIN 199-1).

Merkmale einer Einzelteilzeichnung
- **Bauteilform**: eindeutige Darstellung im Endzustand (Fertig-, Zwischen- oder Rohzustand)
  Fertigungslage bzw. Gebrauchslage
  notwendige Ansichten/Schnitte
- **Bauteilgröße**: vollständige Bemaßung
  Leselage der Zeichnung = Leselage des Schriftfeldes
  keine Überbemaßung
- **Bauteilgenauigkeit**: Toleranzangaben
  Maßzahlzusatz: Grenzabmaße bzw. Toleranzklasse
  Form-, Lagetoleranz
  Schriftfeld: Toleranzklasse der Allgemeintoleranzen
- **Bauteiloberfläche**: Oberflächenangabe (z. B. Rauheit Rz)
- **Genormte Elemente**: z. B. Freistich, Zentrierbohrung
- **Schriftfeldangaben**: Organisation

Diese Merkmale stellen den expliziten Informationsgehalt einer Einzelteilzeichnung dar. Darüberhinaus kann man weitere (implizite) Informationen entnehmen, wie Abb. 4.3 zeigt [3].

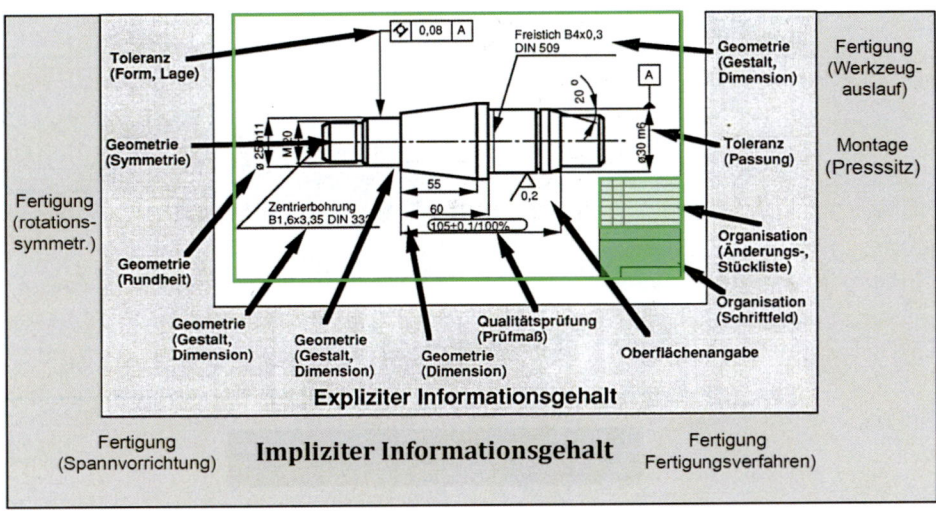

Abb. 4.3 Informationsgehalt in Zeichnungen

Zum impliziten Informationsgehalt „Montage (Presssitz)":

Das Passmaß ⌀ 30 m6 ergibt beim Passungssystem Einheitsbohrung (DIN EN ISO 286-1) die Übergangspassung ⌀ 30 H7/m6 mit Passcharakter Haftsitz. Dabei werden die Verschiebung der Normalverteilung der Istwerte in Richtung Gutseite und eine statistische Toleranzrechnung mit Wahrscheinlichkeitswerten (z. B. 90 %) berücksichtigt, wie aus Abb. 4.4 zu erkennen ist.

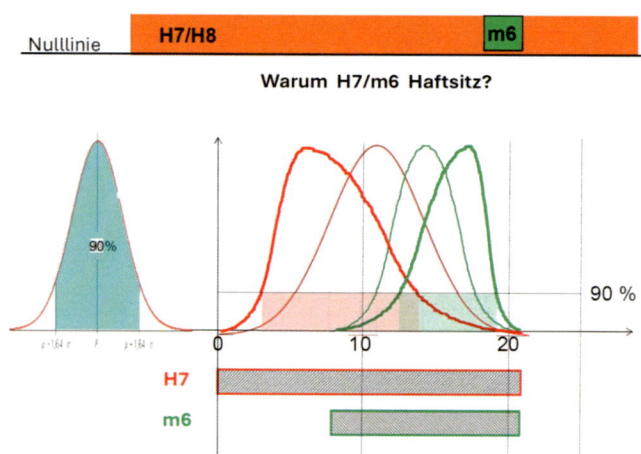

Abb. 4.4 Passcharakter H7/m6

Erläuterung

schmale Linien:	Normalverteilung der Istwerte
breite Linien:	zur Gutseite verschobene Verteilung der Istwerte
Grenzmaße:	$30\ H7 = 30^{+0,021}_{0}$; $30\ m6 = 30^{+0,021}_{+0,008}$
Max.-Min.-Berechnung	$S_o = 0,021 - 0,008 = +0,013\ \text{mm}$
	$U_o = 0 - 0,021 = -0,021\ \text{mm}$
Wahrscheinlichkeitsberechnung:	$S_o = 0,014 - 0,012 = +0,002\ \text{m}$
	$U_o = 0,004 - 0,019 = -0,015\ \text{mm}$

Während bei der Max.-Min.-Berechnung die Ist-Paarung ungewiss ist (Fest- oder Lossitz), ist bei der Wahrscheinlichkeits-Berechnung fast ausschließlich Festsitz (mit Handhammer fügbar [25]) zu erwarten.

Im Kap. 3.4 wurden Funktionsbehinderungen bei einer Lamellenkupplung behandelt.

Beim **Gewehrstoßdämpfer** [26] in Abb. 4.5 spielt ein Lamellenpaket eine wichtige Rolle, dessen Funktion bei der Handhabung des Gewehrs zu analysieren ist.

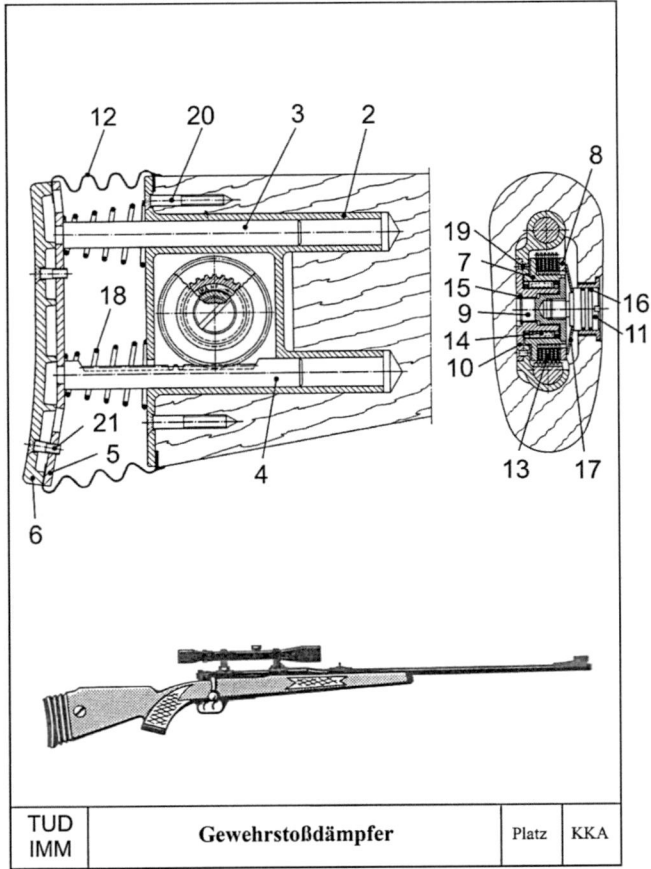

| TUD IMM | **Gewehrstoßdämpfer** | Platz | KKA |

Einzelteile:

2	Bolzenführung	12	Faltenbalg
3	Führungsbolzen unverzahnt	13	Lamellenpaket
4	Führungsbolzen verzahnt	14	INA-Hülsenfreilauf
5	Abschlussblech	15	Sicherungsring
6	Anlage	16	O-Ring
7	Bremskorb	17	Tellerfeder
8	Druckring	18	Kegeldruckfeder
9	Adapter	19	Senkniet
10	Buchse	20	Holzschraube
11	Stellschraube	21	Senkschraube

Abb. 4.5 Gewehrstoßdämpfer

Zunächst soll geklärt werden, wie der physikalische Effekt „Dämpfung" bei dieser Baugruppe realisiert wird.

Was ist **Dämpfung**?

- Als Dämpfung bezeichnet man die Erscheinung, dass bei einem im Prinzip schwingfähigen System die Amplitude Δy einer Schwingung mit der Zeit t abnimmt (Abb. 4.6).

Abb. 4.6 Gedämpfte
mechanische Schwingung

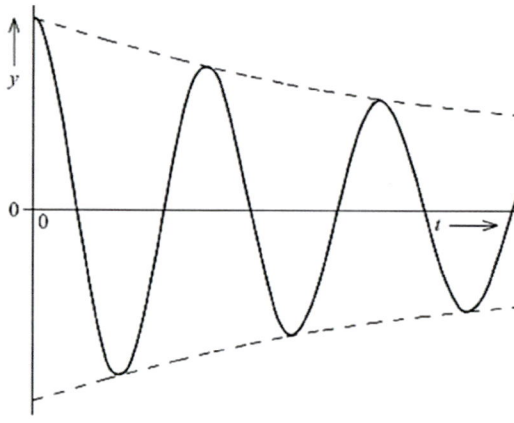

Erläuterung

- Bei einer mechanischen Welle werden kinetische und potenzielle Energie gegenseitig ausgetauscht, z. B. bei einer Schaukel (gedämpfte harmonische Schwingung).
- Mitunter wird dabei kinetische Energie in eine dritte Energieform abgezweigt – in Reib- bzw. Wärmeenergie.

Beispiel für die Dämpfung bei einer **Kfz-Radaufhängung** (linkes Vorderrad) in Abb. 4.7.

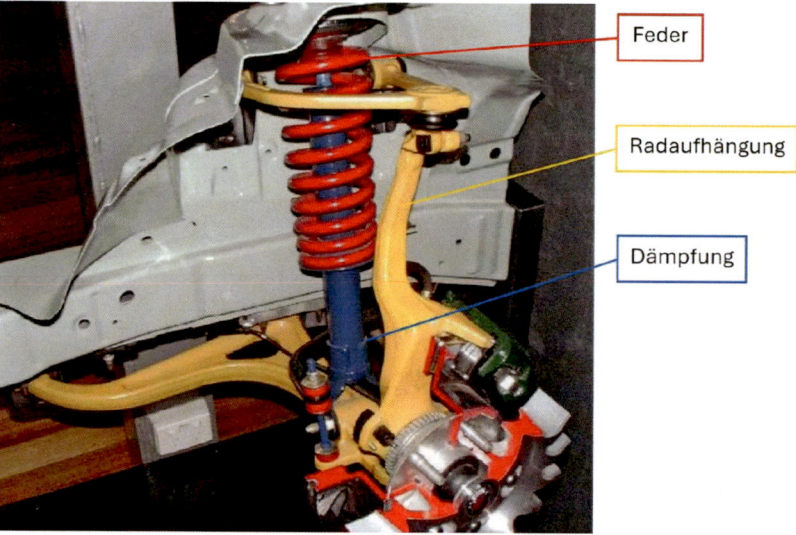

Abb. 4.7 Kfz-Radaufhängung

Funktion der Radaufhängung

Die Radaufhängung verbindet als elementarer Teil des Fahrwerks die Antriebsräder mit dem Fahrgestell, leitet sämtliche Bewegungen vom Radträger an die Karosserie weiter und nimmt außerdem das Gesamtgewicht des Wagens auf.

Funktion der Feder

Die Federung ist Teil des Fahrwerks von Fahrzeugen. Sie trägt das Gewicht des Aufbaus und soll gewährleisten, dass der Aufbau ruhig bleibt und Anregungen durch die Straße nicht direkt auf den Aufbau übertragen werden.

Funktion der Dämpfung

Der Dämpferkolben wird in einem mit Öl gefüllten Zylinder auf und ab bewegt.

Genau definierte Ventildurchgänge im Dämpferkolben und/oder ein Boden-ventil bremsen die Bewegung des Dämpferkolbens dabei so stark ab, dass die Feder-schwingung direkt im Ansatz reduziert wird.

Dämpfungselement beim Gewehrstoßdämpfer

Lamellenpaket 13

Funktionsbeschreibung des Gewehrstoßdämpfers

Beim Abschuss des Gewehrs bewegt sich infolge der im Gewehrlauf wirkenden Rück-stoßkraft die beschleunigte Masse des Gewehrs gegen die an der Anlage 6 anliegende Schulter des Schützen. Dadurch werden die Außenlamellen des Lamellenpakets 13 durch den unten angeordneten verzahnten Führungsbolzen 4 in Drehung versetzt. Damit Rei-bung mit den Innenlamellen des Lamellenpakets erzeugt wird, sperrt der INA-Hülsen-freilauf 14 die Rotation der Innenlamellen.

Voraussetzung ist die axiale Vorspannung des Lamellenpakets 13, die mittels Stell-schraube 11 und Tellerfeder 17 realisiert wird. Das Lamellenpaket nimmt die Funktion einer Bremse ein.

Durch die Abzweigung der kinetischen Rückstoßenergie in Reibenergie wird die Wucht des Rückstoßes auf die Schulter gedämpft.

Funktion der Kegeldruckfedern 18: Nach Beendigung der Rückstoßbewegung drücken beide Kegeldruckfedern 18 das Abschlussblech 5 mit den daran befestigten Führungs-bolzen 3 und 4 sowie die Anlage 6 wieder zurück. Dabei gibt der INA-Hülsenfreilauf 14 die Rückstellbewegung frei.

Warum **Kegeldruckfedern**?

Bei progressiver Kennlinie steigt die Federkraft mit dem Federweg, die Feder wird zunehmend härter (Abb. 4.8).

Abb. 4.8 Federkennlinien

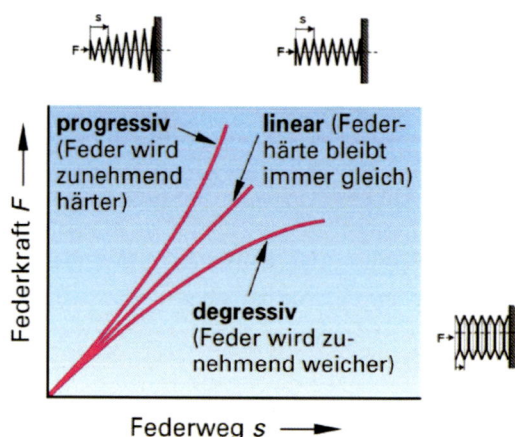

Kritik an der konstruktiven Ausführung des Gewehres

- Die Rückstoßkraft wird fast ausschließlich durch die Lamellenbremse aufgenommen. Da die Kraft über den unteren verzahnten Führungsbolzen 4 auf die Außenlamellen übertragen wird, hat sie zur Rückstoßkraft im Gewehrlauf einen sehr großen Hebelarm, was zu einem Hochreißen des Gewehrs führt.
- Diesen Nachteil kann man reduzieren, wenn man die Verzahnung am oberen Führungsbolzen 3 vorsieht und damit den Hebelarm deutlich verringert (Abb. 4.9).

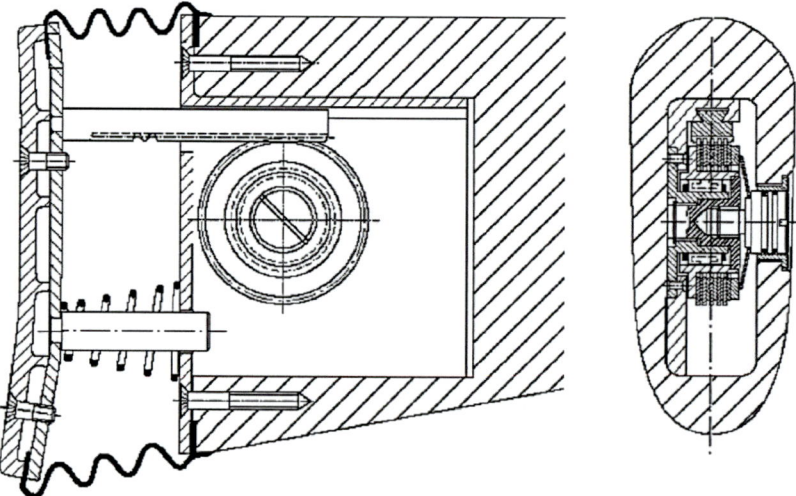

Abb. 4.9 Gewehrstoßdämpfer – verbesserte Konstruktion

Konstruktionsmerkmale der verbesserten Konstruktion:

- Die Verzahnung ist am oberen Führungsbolzen angebracht, der mittels Schwalbenschwanzführung verdrehgesichert ist.
- Allerdings fehlt hier die zweite Kegeldruckfeder.
- Der untere Führungsbolzen dient lediglich der Aufnahme der Kegeldruckfeder.
- Die Bolzenführung ist wesentlich vereinfacht.

4.2   Funktionsintegration/Funktionsteilung

Funktionsintegration bezeichnet das Ziel, mit möglichst wenigen Bauteilen möglichst viele technische Funktionen abzudecken.

Angestrebte Ziele:

- Reduzierung der Anzahl der Bauteile
- Verminderte Lagerkosten
- Gewichts- und Platzersparnis
- Reduktion von Material- und Fertigungskosten
- Verringerung des Montage- und Wartungsaufwands

Der Motorblock eines **Ottomotors** in Abb. 4.10 integriert eine ganze Reihe von Funktionen.

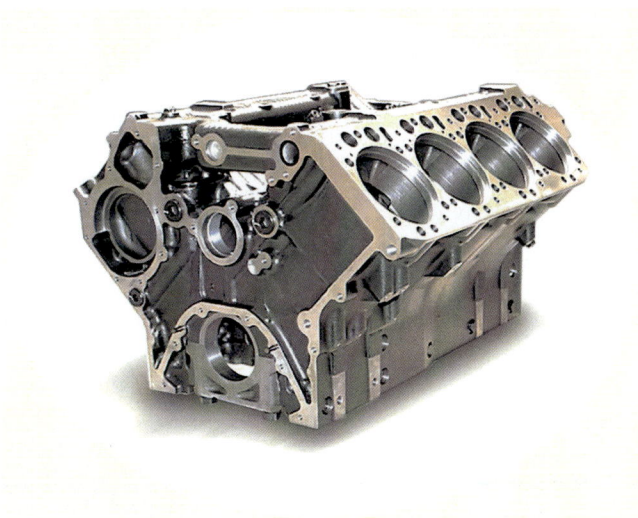

Abb. 4.10 Ottomotor Motorblock (ohne Zylinderkopf) (Aus [4]; mit freundlicher Genehmigung von Thomas Fischer, AAMPACT e.V. Menden)

- Übertragung der dynamischen Belastung (Massen- und Gaskräfte)
- Aufnahme, Lagerung von Kurbeltrieb, Nockenwelle, Nebenaggregaten
- Anschluss des Zylinderkopfs und der Ölwanne
- Anschluss zu Getriebe und Ventilsteuerungsantrieb
- Wärmeabfuhr der Verbrennungsvorgänge (Kühlrippen und -kanäle)

Abdichtung des Kolbenraums zusammen mit Kolbenringen des Kolbens (Abb. 4.11).

Abb. 4.11 Kolben mit
Kolbenringen (Aus [5]; mit
freundlicher Genehmigung von
Nils Homann, CRAFTWERK
Berlin)

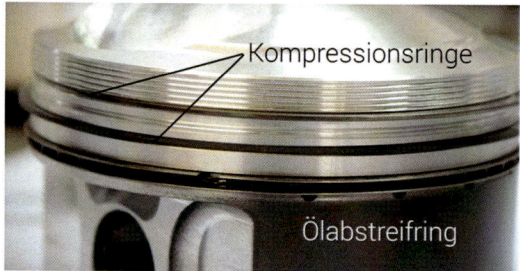

Funktionsteilung bezeichnet die Aufteilung einer komplexen Funktion auf mehrere einzelne Komponenten oder Baugruppen innerhalb einer Maschine. Dabei werden verschiedene Bauteile so gestaltet, dass sie jeweils eine bestimmte Teilfunktion übernehmen, um gemeinsam die Gesamtfunktion zu erfüllen.

Beispiel für Funktionsteilung in einer Werkzeugmaschine:

- Antrieb: Elektromotor für die Hauptbewegung
- Getriebe: Drehzahl- / Drehmomentwandlung
- Führung: Linearschienen für präzise Bewegung
- Steuerung: CNC-Steuerung für automatisierte Abläufe
- Sicherheit: Not-Aus-Schalter und Schutzabdeckungen

Ein Lkw-Fahrgestellrahmen besteht üblicherweise aus einer Stahlprofil-Schweißkonstruktion mit zwei Längsträgern, die mit mehreren Querträgern verbunden sind. Diese Querträger werden hoch belastet und haben mit ihrer Steifigkeit maßgeblichen Einfluss auf das Fahrverhalten der Fahrzeuge.

Für die Querträger wurde alternativ ein Composite-Metall-Hybridbauteil entwickelt, in das mit einer zusätzlichen Funktion ein Hochdrucktank integriert werden kann, z. B. für komprimiertes Erdgas, wodurch auch Gewicht eingespart wurde (Abb. 4.12).

Abb. 4.12 Querträger am Lkw-Fahrgestellrahmen in CfK-Metall-Hybrid-Bauweise (Aus [6]; mit freundlicher Genehmigung der ENGINEERING CENTER STEYR GMBH & CO KG 4300 St. Valentin, Austria)

Bei **Wälzlagerungen** wird ebenfalls Funktionsintegration und Funktionsteilung realisiert.

Funktionsintegration liegt dabei vor, wenn ein Wälzlager sowohl Radial- als auch Axialkräfte übertragen kann, z. B. die häufig eingesetzten Rillenkugellager und Kegelrollenlager.

Funktionsteilung ist sinnvoll, wenn sehr große Kräfte radial und axial zu übertragen sind, sodass man für jede Kraftrichtung ein jeweils dafür spezialisiertes Lager wählt, z. B. Zylinderrollenlager für große Radialkräfte und Axial-Zylinderrollenlager für große Axialkräfte.

Tab. 4.1 zeigt eine systematische Übersicht ausgewählter Wälzlagerarten [27].

Tab. 4.1 Arten der Wälzlager

Arten der Wälzlager zur Übertragung von				
Radialkräften	**Radialkräften und zweiseitigen Axialkräften**	**Radialkräften und einseitigen Axialkräften**	**einseitigen Axialkräften und Radialkräften**	**einseitigen Axialkräften**
		Schrägkugellager DIN 628-1		Axial-Schrägkugellager einseitig wirkend
	Rillenkugellager DIN 625-1	Schulterkugellager DIN 615		Axial-Rillenkugellager einseitig wirkend DIN 711
Zylinderrollenlager einreihig DIN 5412-1	Tonnenlager einreihig DIN 635-1	Kegelrollenlager DIN 720	Axial-Pendel-rollenlager einseitig wirkend DIN 728-1	Axial-Zylinderrollenlager einseitig wirkend DIN 722

Im FAG-Wälzlagerkatalog [7] werden die Lager hinsichtlich ihrer Wälzkörper (Kugeln, Rollen) und Ausführung aufgelistet.

Die Übersicht in Tab. 4.1 legt dagegen die Strategie des Konstrukteurs zugrunde, der von der aufgabenbedingten Anforderungsanalyse ausgeht:

- Kugellager bei kleineren, Rollenlager bei größeren Lagerkräften
- Wirken ausschließlich Radial- oder Axialkräfte (Funktionsteilung) bzw. sowohl Radial- als auch Axialkräfte (Funktionsintegration) ein?
- Daneben sind noch die Betriebsdrehzahl, die Umgebungsbetriebsbedingungen (z. B. Temperatur, Feuchtigkeit) und die Lebensdaueranforderung zu berücksichtigen.

Bei **Drehmaschinen** werden zur Bearbeitung schlanker Werkstücke, die sich unter dem Einfluss der Spankräfte verformen könnten, diese sowohl im Drehmaschinenfutter auf der Hauptspindel als auch an der Pinole des Reitstocks gelagert (s. Abb. 3.48),

Die **Reitstockspitze** in Abb. 4.13 ist ein prägnantes Beispiel für Funktionsteilung.

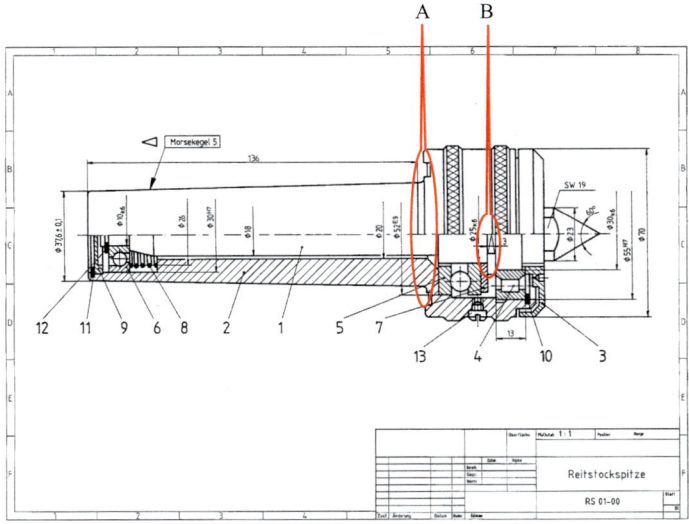

Einzelteile:

1	Umlaufende Spitze	8	Druckfeder
2	Gehäuse	9	Verschlusskappe
3	Umlaufende Verschlusskappe	10	Sicherungsring
4	Zylinderrollenlager	11	Sicherungsring
5	Axial-Rillenkugellager	12	Sicherungsring
6	Schrägkugellager	13	Flachkopfschraube
7	Distanzscheibe		

Abb. 4.13   Reitstockspitze RS 01-00 Zusammenbauzeichnung

Abb. 4.14 zeigt die angreifenden Kräfte und Reaktionskräfte an einer Reitstockspitze.

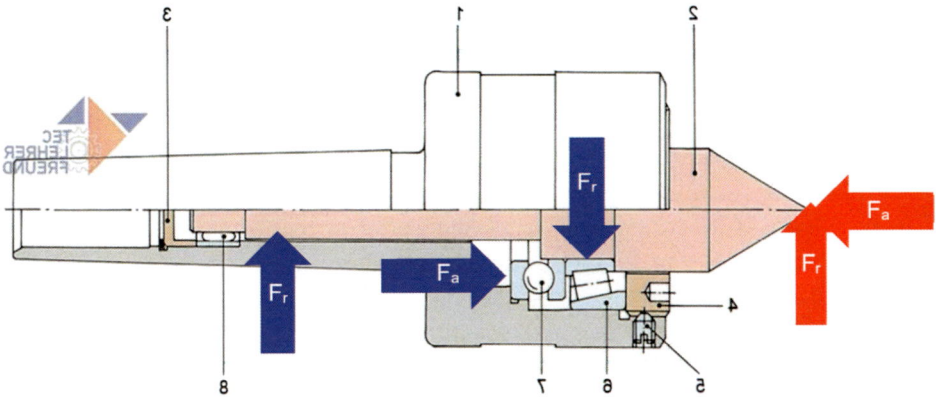

Abb. 4.14   Reitstockspitze – Kräfteschaubild

Ausführung der Lagerung bei der Reitstockspitze RS 01-00

- Die Lagerung der zusammen mit dem Werkstück umlaufenden Spitze 1 im feststehenden Gehäuse 2 ist eine Fest-Los-Lagerung, die aus folgenden Komponenten besteht.
- Das linke **Loslager** 6 ist ein Schrägkugellager nach DIN 7200, das der Radial-komponente F_r der Spankraft entgegenwirkt und sich bei Wärmedehnung der um-laufenden Spitze 1 im Gehäuse 2 längs bewegen kann (Spielpassung).
- Beim rechten **Festlager** wirkt das Zylinderrollenlager 4 nach DIN 5412 der Radial-kraftkomponente F_r der Spankraft entgegen, das Axial-Rillenkugellager 5 nach DIN 711 nimmt die Axialkraftkomponente der Spankraft und die axiale Spannkraft F_a auf.

Schwierigkeiten bei der Analyse der Reitstockspitze RS 01-00 bereiteten in der Regel folgende Gestaltungselemente.

Detail A in Abb. 4.13
Die beiden Nuten werden häufig als Ringnut gedeutet. Allerdings wäre sie in diesem Fall in der oberen nicht geschnittenen Baugruppenhälfte nicht zu sehen.

Tatsächlich sind es horizontal verlaufende lineare Nuten mit der Funktion der De-montage der Reitstockspitze aus dem Reitstock, indem in einer Nut ein Austreibkeil ein-getrieben wird analog der Demontage von Schaftbohrern (Abb. 4.15).

Abb. 4.15   Schaftbohrer-Austreibkeil

Detail B in Abb. 4.13
Beim genauen Hinsehen erkennt man das halbe Diagonalkreuz zur Kennzeichnung einer ebenen Fläche. Es sind also beidseitige Abfräsungen des Bundes zwischen Zylinder-rollenlager 4 und Axial-Rillenkugellager 5 mit der Funktion des Ansetzens eines Ab-ziehers hinter den Innenring des Zylinderrollenlagers 4 zu dessen Demontage.

Ungewöhnlich bei der Zusammenbauzeichnung RS 01-00 in Abb. 4.13 ist, dass nicht nur Haupt- und Anschlussmaße angegeben sind, sondern auch viele weitere Durchmess-ermaße, z. T. mit Toleranzangaben.

Deshalb eignete sich dieses Beispiel hervorragend als Lehrbeispiel, z. B. zur Inter-pretation der vorgegebenen Toleranzen (Tab. 4.2, 4.3 und [8]).

Die aus der Zusammenbauzeichnung abgeleiteten Einzelteilzeichnungen

Tab. 4.2 Reitstock Umlaufende Spitze RS 01-01 Toleranzinterpretation

Passmaß	Abmaße	Interpretation
⌀ 10 k6	+0,01	Wälzlagersitz auf Welle/Umfangslast für den Innenring, Kugellager. hohe Belastung
	+0,001	
⌀ 9,6 h11	0	Wellennutdurchmesser d_2 für Sicherungsring DIN 471–10×1
	−0,09	
1,1 H13	+0,14	Wellennutbreite m für Sicherungsring DIN 471–10×1
	0	
⌀ 25 k6	+0,015	Wälzlagersitz auf Welle/Umfangslast für den Innenring, Kugellager. hohe Belastung
	+0,002	
⌀ 30 k6	+0,015	Wälzlagersitz auf Welle/Umfangslast für den Innenring, Rollenlager. hohe Belastung
	+0,002	

Tab. 4.3 Reitstock-Gehäuse RS 01-02 – Toleranzinterpretation

Passmaß	Abmaße	Interpretation
⌀ 30 H7	+0,021	Wälzlagersitz in Bohrung/Punktlast für den Außenring, Loslager
	0	
⌀ 32 H7	+0,025	Bohrung für Verschlusskappe 9/Passungssystem Einheitsbohrung
	0	
⌀ 33,7 H12	+0,25	Bohrungsnutdurchmesser d_2 für Sicherungsring DIN 472–32×1,2
	0	
1,3 H13	+0,14	Bohrungsnutbreite m für Sicherungsring DIN 472–32×1,2
	0	
⌀ 52 E9	+0,134	Wälzlagersitz in Bohrung/Axiallast, Axial-Rillenkugellager, normale Laufgenauigkeit
	+0,06	
⌀ 55 H7	+0,03	Wälzlagersitz in Bohrung/Punktlast für den Außenring, Loslager
	0	
⌀ 58 H12	+0,3	Bohrungsnutdurchmesser d_2 für Sicherungsring DIN 472–55×2
	0	
2,15 H13	+0,14	Bohrungsnutbreite m für Sicherungsring DIN 472–55×2
	0	

„Umlaufende Spitze RS 01-01" und „Gehäuse RS 01-02" zeigen nachfolgende Abb. 4.16 und 4.17.

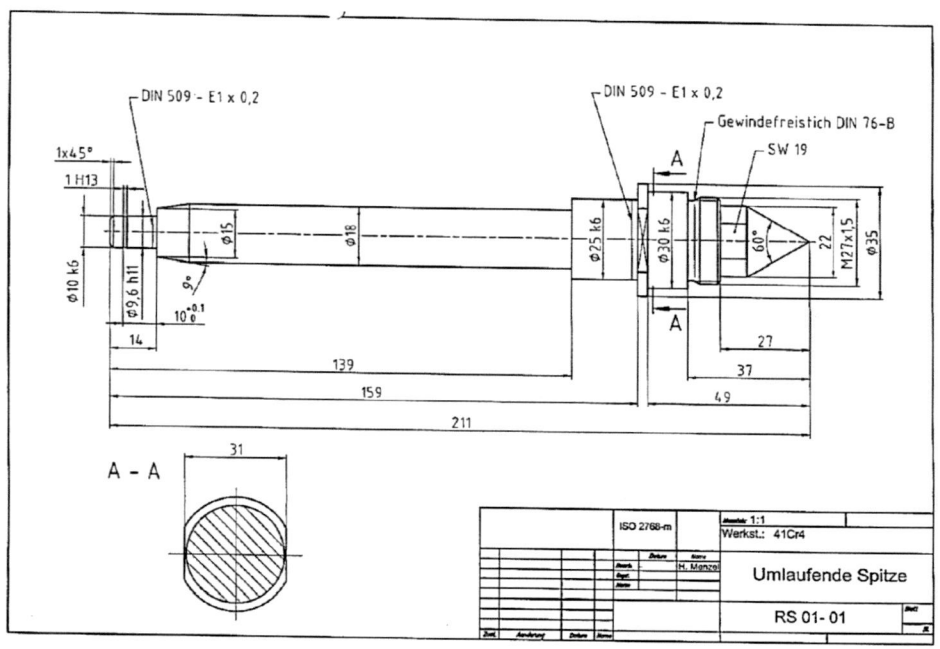

Abb. 4.16 Reitstockspitze – Umlaufende Spitze RS 01-01

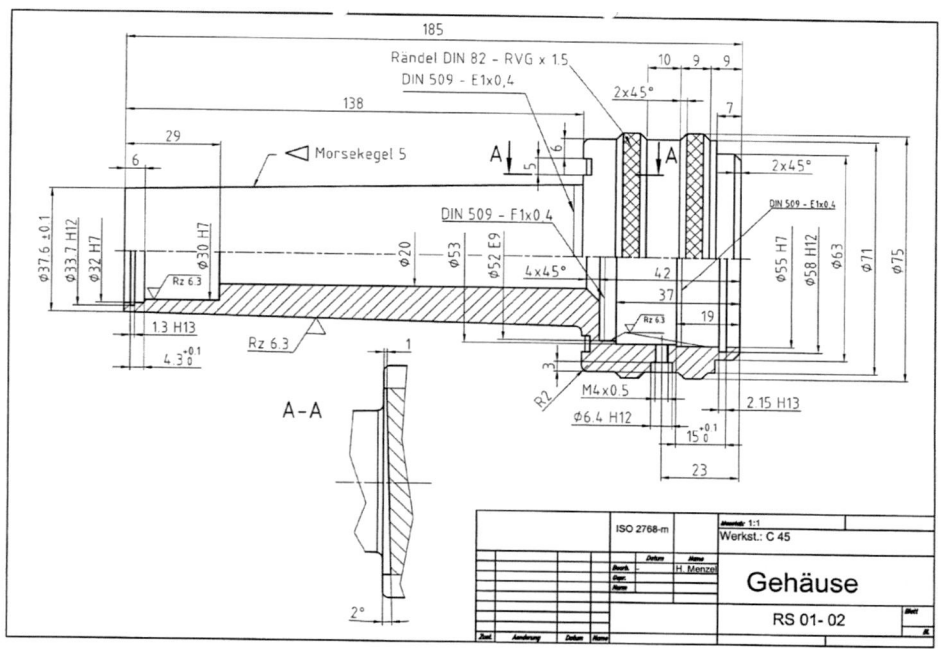

Abb. 4.17 Reitstockspitze – Gehäuse RS 01-02

4.3   Integralbauweise/Differentialbauweise

Bei der **Integralbauweise** werden komplex gestaltete Bauteile aus einem Stück, d. h. ohne Fügen, hergestellt und damit mehrere Funktionen in einer einzigen Struktur integriert.

Diese Methode wird außer im Maschinenbau häufig in der Luftfahrt (Flugzeugtragflächen als integrale Treibstofftanks), im Fahrzeugbau (Monocoque-Karosserie, Felgen mit integrierten Bremsscheiben), im Brückenbau (Spannbetonbrücken) und in der Architektur verwendet.

Die wesentlichen Merkmale der Integralbauweise sind:

- Minimale Anzahl von Halbzeugen für Bauteile mit mehreren Funktionen (s. Funktionsintegration)
- Minimierung des Bauteilgewichts, da Fügestellen mit Materialüberlappungen entfallen (Leichtbau)
- Hohe Festigkeit und Steifigkeit
- Effektive Werkstoffnutzung und damit geringere Materialkosten
- Nachteilig ist, dass das gesamte Bauteil ausgetauscht werden muss, falls ein Defekt auftritt.

Ein in **Differentialbauweise** hergestelltes Bauteil besteht aus mehreren einzelnen, vergleichsweise einfach gestalteten Bauelementen, die später miteinander verbunden werden.

Diese Methode wird in solchen Branchen eingesetzt, in denen Flexibilität, Reparaturfreundlichkeit und Modularität gefragt sind.

Die wesentlichen Merkmale der Differentialbauweise sind:

- Einfache Herstellbarkeit der Einzelteile
- Verwendbarkeit von standardisierten Teilen
- Demontierbarkeit für Wartung, Reparatur und Recycling, sofern mechanische Fügetechniken (z. B. Niete, Schrauben, Klemmen) verwendet werden
- Günstiges Schadensverhalten (Fail-Save), da Fügestellen als Rissstopper wirken können
- Komplexe geometrische Gestaltung oder Kombination von verschiedenen Werkstoffen möglich

Im Maschinenbau sind Guss- und Schweißkonstruktionen typisch für Integral- und Differentialbauweise.

Wesentlichen Einfluss auf das Herstellverfahren eines Bauteils hat die Fertigungsstückzahl (Abb. 4.18).

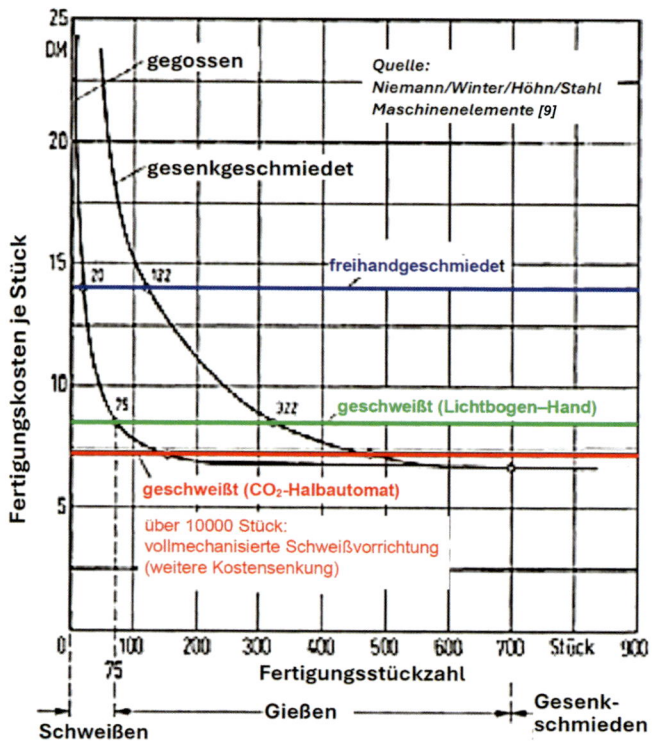

Abb. 4.18 Einfluss der Fertigungsstückzahl auf das Fertigungsverfahren

Abb. 4.19 stellt eine Keilriemenscheibe in Integralbauweise (Gussscheibe links und Blechscheibe c rechts) sowie Differentialbauweise (geschweißte Blechscheiben a, b rechts) gegenüber.

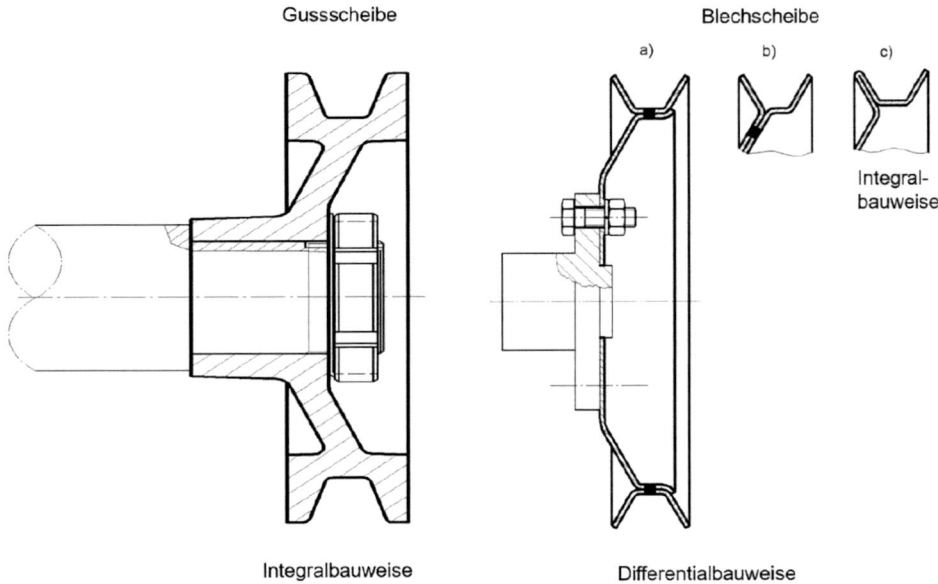

Abb. 4.19 Keilriemenscheibe Guss- und Blechausführungen

Abb. 4.20 zeigt Lagerungen einer Keilriemenscheibe sowohl in Integral- als auch in Differentialbauweise.

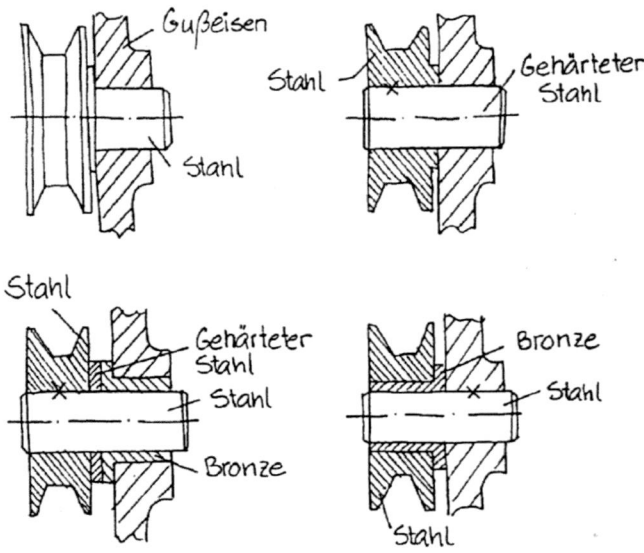

Abb. 4.20 Keilriemenscheiben-Lagerungen

Links oben:	Keilriemenscheibe mit Lagerbolzen als Integralteil
Rechts oben:	Keilriemenscheibe und Lagerbolzen als separate Bauteile (Differential-bauweise), miteinander verpresst
Rechts unten:	2 separate Lagerelemente (Stahlbolzen und Bronzebuchse), Stahlbolzen mit Gusseisen-Gehäuse verpresst
Links unten:	3 separate Lagerelemente (Stahlbolzen, Bronzebuchse, gehärtete Stahl-distanzscheibe), Keilriemenscheibe mit Lagerbolzen verpresst

Maschinengestelle werden ebenfalls als Guss- oder Schweißkonstruktion gefertigt.

Gussgestelle weisen die Vertikal-Fräsmaschine in Abb. 2.7 und die Knuth-Drehma-schine in Abb. 3.49 auf.

Die Maschine zur Rundnahtschweißung von Anhängerachsen in Abb. 2.8 enthält sowohl ein Gussgestell zur Aufnahme des Antriebsaggregats, der Gabeln 1, 2 und der Schweißaggregate 1, 2 als auch eine geschweißte Gestellergänzung zur Aufnahme des Reitstocks.

Abb. 4.21 zeigt die **Transferpresse** ERFURT mit einem geschweißten Maschinen-gestell.

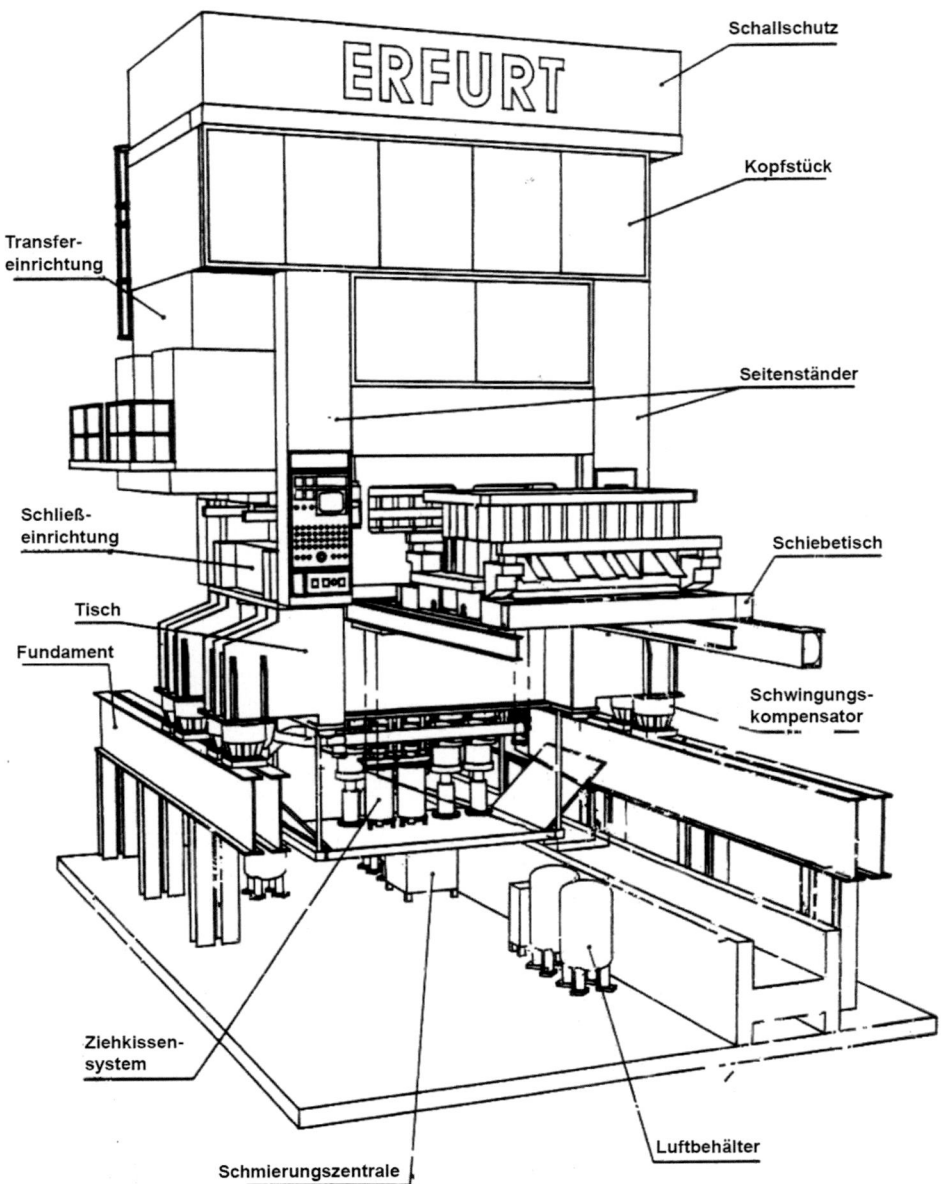

Abb. 4.21   Transferpresse ERFURT – PE 4-HTr-600.2

Diese Maschine wurde für das Stanzen, Prägen und Umformen von Blechen verwendet. Sie verfügt über eine Presskraft von 600 Tonnen und ist mit einem auto-
matischen Transfersystem ausgestattet, das einen effizienten Materialfluss ermöglicht.

Baugruppen

- Tisch
- Schiebetisch
- Schließeinrichtung
- Seitenständer (Schweißkonstruktion)
- Transfereinrichtung
- Kopfstück (Schweißkonstruktion, enthält das Getriebe für den Traversenantrieb)
- Schallschutz

Aus der Explosivdarstellung des Kopfstück-Unterteils in Abb. 4.22 geht hervor, dass dieses Schweißteil aus sehr vielen Einzelelementen besteht. Das bedeutet hohen Wärmeeintrag beim Schweißen, sodass die Schweißgruppe anschließend normalgeglüht werden musste.

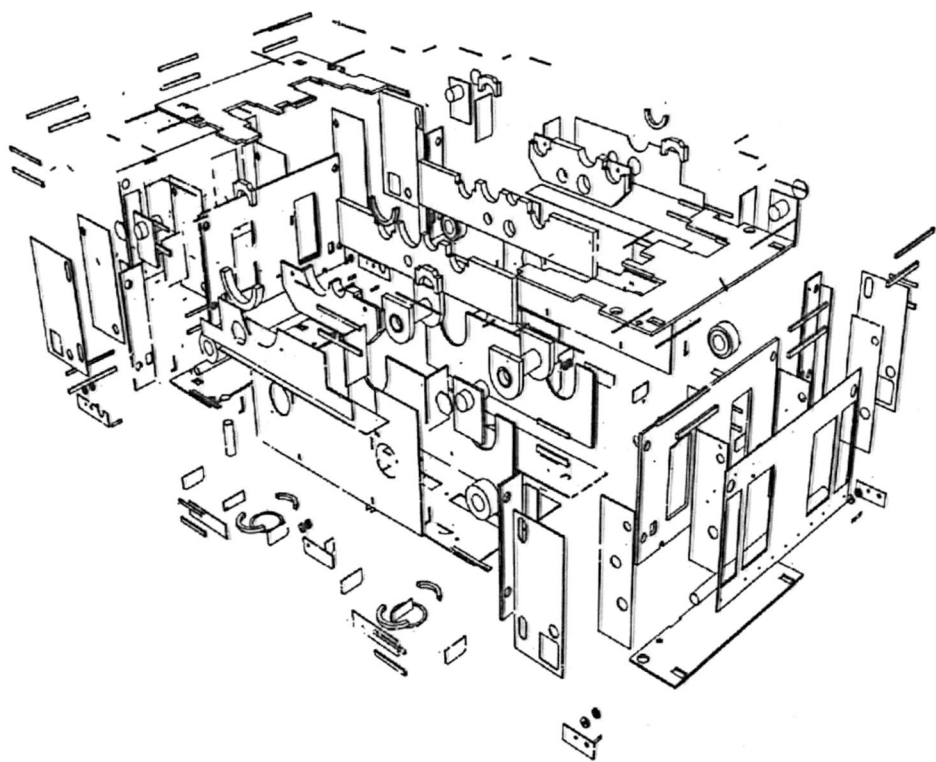

Abb. 4.22 Transferpresse ERFURT – Kopfstück-Explosivdarstellung

Durch die Größe des Kopfstücks war es nicht möglich, gute Zugänglichkeit zu allen Schweißnähten zu realisieren, wie Abb. 4.23 zeigt.

Abb. 4.23 Ungünstige
Zugänglichkeit zu einer
Schweißnaht

Nach dem Normalglühen erfolgt die spanende Bearbeitung der Anschluss- und Lager-
stellen (Abb. 4.24).

Abb. 4.24 Transferpresse ERFURT – Kopfstück-Bearbeitung

4.4   Kraftleitung

Der **Kraftfluss** ist in der Festigkeitslehre nicht eindeutig definiert; er ermöglicht aber eine anschauliche Vorstellung für das Leiten von Kräften.

Der Weg einer Kraft in einem Bauteil oder einer Baugruppe von der Einleitungsstelle bis zu der Stelle, an der diese durch eine Reaktionskraft aufgenommen wird, lässt sich durch Kraftflusslinien darstellen, wie beim Wirkprinzip des Dreiganggetriebes in Abb. 3.9 ausgeführt.

Um keine einseitige Verdichtung der Kraftflusslinien durch Kerben zu erhalten, sollte der Kraftfluss möglichst ohne Richtungsänderung weitergeleitet werden.

Abb. 4.25 zeigt solch eine Verdichtung der Kraftflusslinien durch verschieden gestaltete **Kerben**.

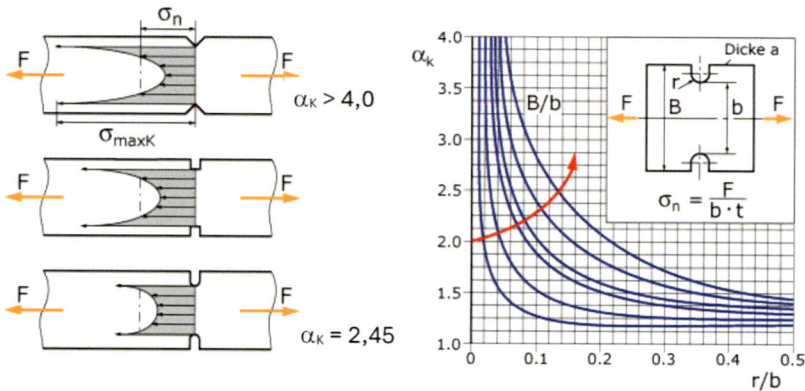

Abb. 4.25 Formzahl α_k bei verschiedenen Kerben

Eine Kerbe ist eine Querschnittsänderung eines Bauteils, die durch Bohrungen, Rillen oder Querschnittsübergänge entstehen kann. Als Folge von Kerben kommt es zu ungleichen Spannungsverteilungen im Bauteil, die zu Spannungsspitzen führen. Diesen Effekt, den eine Kerbe ausübt, bezeichnet man als Kerbwirkung.

Die Auswirkung der Kerbwirkung auf das Bauteil wird durch die Kerbwirkungszahl β_k mit der Formzahl α_k und der Stützziffer n berücksichtigt.

$$\beta_k = \frac{\alpha_k}{n}$$

Die Stützziffer n kann Werte zwischen 1 bei sehr spröden Werkstoffen (ohne Stützwirkung) und α_k bei sehr zähen Materialien annehmen.

Die Formzahl α_k ist das Verhältnis von Spannungsüberhöhung σ_{max} zur Nenn-spannung σ_n.

$$\alpha_k = \frac{\sigma_{max}}{\sigma_n}$$

Sie ist von der Form und Größe der Kerbe abhängig. Sie ist am größten bei scharfen Kerbradien, in Abb. 4.24 beim Radius r → 0.

Eine kraftflussgerechte Gestaltung vermeidet scharfe Umlenkungen und schroffe Querschnittsübergänge.

In der Natur findet man ein eindrucksvolles Beispiel an **Astgabelungen** (Abb. 4.26).

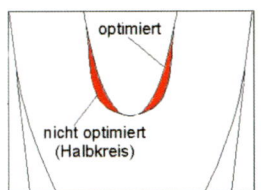

Verzweigungsstelle einer
Astgabelung mit ideal
abgerundeter Kerbform

Abb. 4.26 Astgabelung

Vor allem bei dynamisch hoch beanspruchten Konstruktionen ist eine günstige Kraft-flussleitung von großer Bedeutung, aber auch der der Belastung entsprechende Bauteil-querschnitt.

Umformpressen werden in Einständer- (C-Gestell bei kleinen und mittleren Pressen) oder symmetrischer Doppelständerbauweise (O-Gestell bei Pressen aller Größen) aus-geführt.

Abb. 4.27 zeigt den Kraftfluss in verschiedenen Pressenarten.

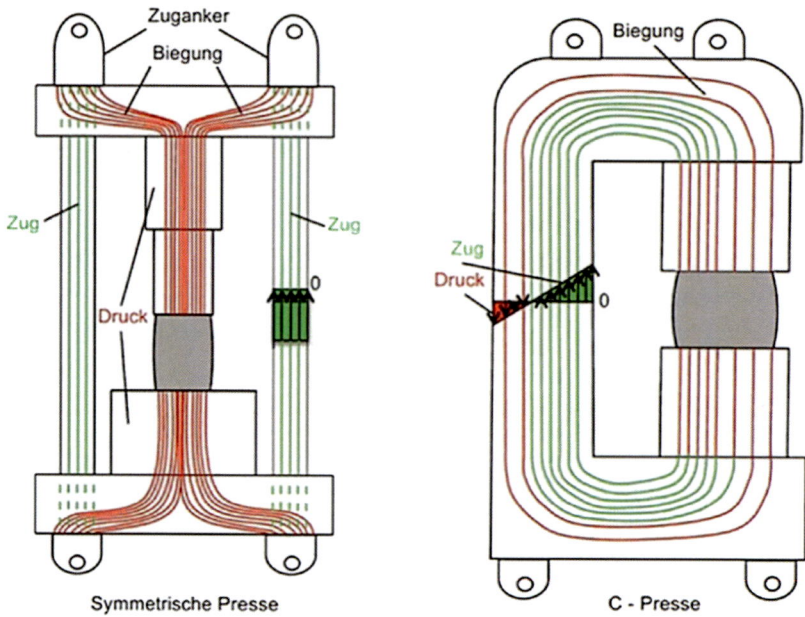

Abb. 4.27 Kraftfluss in unterschiedlichen Pressen

Bei der C-Presse wird der vertikale Ständer auf Biegung belastet und ist dadurch viel werkstoffintensiver gegenüber dem O-Gestell mit Zugbeanspruchung in den Ständern.

Nach Fertigstellung der **Tacoma Narrows Bridge** im Nordwesten der USA (Bundesstaat Washington) am 01.07.1940 erhielt sie bald wegen ihres Auf- und Abschwingens den Spitznamen „Galloping Gertie" (Abb. 4.28) und wurde zum Magneten für Touristen aus aller Welt.

Abb. 4.28 Tacoma Narrows Bridge – „Galloping Gertie"

Abenteuerlustige Autofahrer kamen extra zum „Achterbahnfahren". Hier rettet sich Mr. Coatsworth, der Fahrer des in Abb. 4.29 im roten Kreis sichtbaren Autos, noch ans sichere Ufer.

Abb. 4.29 Tacoma Narrows Bridge – Einsturz

Ursache für diese starken Verformungen war der hohe Schlankheitsgrad des Fahrbahnträgers, damals der vom Architekten Leon Moisseiff geplante Spitzenwert weltweit.

Schlankheit Tragwerkshöhe zur Hauptspannweite: $\frac{h}{l} = \frac{2,44}{853} = 1 : 350$
Schlankheit Tragwerksbreite zur Hauptspannweite: $\frac{b}{l} = \frac{11,9}{853} = 1 : 72$

Dagegen weist die bereits 1937 fertiggestellte Golden Gate Bridge, die die Bucht von San Francisco überspannt, bei einer Gesamtlänge von 2737 m und einer Hauptspannweite von 1280 m für die kritische Schlankheit Tragwerkshöhe zur Spannweite nur einen Wert von $\frac{h}{l} = 1 : 168$ auf.

Knapp 4 Monate nach Eröffnung, am 7.11.1940 gegen 11 Uhr Mittags, rissen einige Stahlseile, das Deck brach auseinander und der ganze Mittelteil der Brücke stürzte mit gewaltigem Lärm in den Puget Sound. Dieser Einsturz trat infolge einer starken Torsionsschwingung ein. Diese Schwingung kam durch aero-dynamisches Flattern (eine selbsterregende Schwingung) zustande (Abb. 4.29).

Im Ergebnis wissenschaftlicher Untersuchungen stellte sich heraus, dass der Wind eine gleichförmige Kraft auf die Brücke ausgeübt hatte, die im Zusammenspiel mit dem elastischen Material und der besonderen Form des Bauwerks genau die Eigenfrequenz der Brücke getroffen hatte.

Durch diese eigentlich geringe Krafteinwirkung wurde aus einer anfänglich kleinen Störung eine immer größer werdende Resonanzschwingung, bis das ganze Tragwerk schließlich einstürzte.

Eine solche selbsterregende Schwingung folgt den so genannten „von Kármánschen Wirbelstraßen" [10], die nach ihrem Entdecker Theodore von Kármán benannt wurden, einem ungarisch-amerikanischen Physiker und Luftfahrttechniker.

In der Theorie waren die Forschungen von Kármán bereits seit ihrer ersten Veröffentlichung im Jahre 1912 bekannt, aber in die praktische Wirklichkeit von Bauingenieuren traten sie erst durch den Einsturz der Tacoma Narrows Bridge.

Die eingestürzte Brücke wurde im Oktober 1950 durch die zweite Tacoma Narrows Bridge ersetzt. Sie hat robuste Fachwerkträger („Sturdy Gertie" in Abb. 4.30 rechts) mit einem weitaus geringeren Verhältnis der Tragwerkshöhe zur Spannweite:

$$\frac{h}{l} = \frac{10{,}06}{853} = 1 : 85$$

Sein Zitat „Wissenschaftler erforschen die Welt, wie sie ist; Ingenieure erschaffen eine Welt, wie sie noch nie war" wurde also erst spät umgesetzt.

Zunehmendes Verkehrsaufkommen erforderte den Bau einer weiteren, der dritten Tacoma Narrows Bridge („Thirdy Gertie") mit $\frac{h}{l} = \frac{7{,}16}{853} = 1 : 119$, die nur wenige Meter neben der zweiten Brücke am 15.07.2007 fertiggestellt wurde (Abb. 4.30 links). Jedes der beiden Bauwerke nimmt den Verkehr einer Fahrtrichtung auf.

Abb. 4.30 Tacoma Narrows Bridge – Zweite und Dritte Brücke (Aus [11]; mit freundlicher Genehmigung von Michael Goff, Oregon Department of Transportation)

Zurück zum Maschinenbau und zur **Kraftleitung** der einwirkenden mechanischen Belastungen in Bauteilen sowie das Ein- und Ableiten der Kräfte.

Kraftgerechte Bauteilquerschnitte werden in Tab. 4.4 den Beanspruchungsarten Zug, Druck, Druck mit Knickgefahr, Biegung und Torsion zugeordnet.

Tab. 4.4 Kraftgerechte Bauteilquerschnitte [28]

Beanspruchungsart	geeignete Profile	Bemerkungen
Zug F — x — F	beliebig Auf billige Halbzeuge zurückgreifen!	Querschnitt beliebig wählbar, da nur beanspruchte Flächengröße und Werkstoff von Bedeutung sind.
Druck F — x — F	beliebig, ▨▨▨ ist aber schlecht	Länge der Bauteile im Vergleich zum Querschnitt sollte klein bleiben – Knickgefahr!
Druck mit Knickgefahr F — — F		Bei langen schlanken Bauteilen ist der Nachweis der Sicherheit gegen Knicken zu führen!
Biegung 	 zäh (duktil) z. B. Stahl Zugseite spröde z. B. Gusseisen Druckseite	Nach Möglichkeit solche Profile verwenden, die weit von der neutralen Faser entfernt Material aufweisen. Für Gusswerkstoffe mehr Material auf der Zugseite anordnen! ◩ ist ungünstig!
Torsion 		Bei Torsion geschlossene Hohlprofile verwenden! I ist ungünstig!

Für die in Abb. 4.31 dargestellten 5 **Gusslagerböcke** [28] in unterschiedlicher Gestaltung soll ermittelt werden:

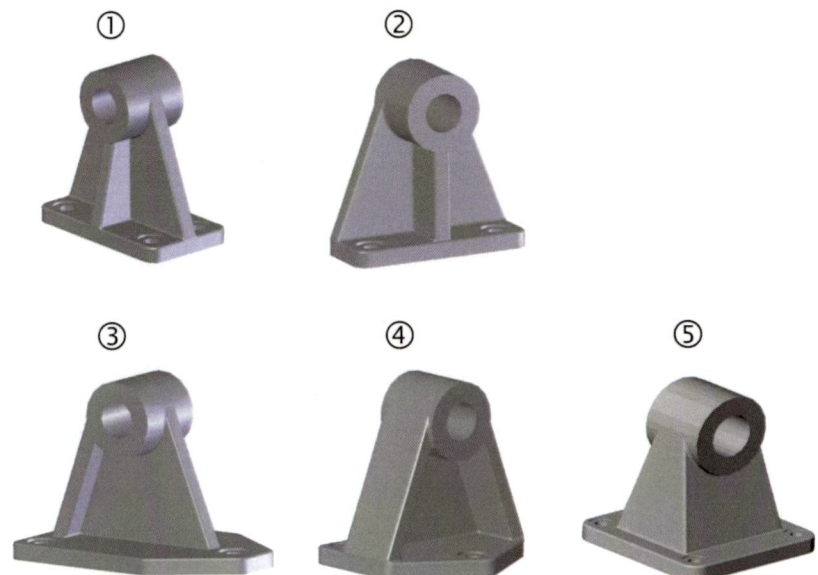

Abb. 4.31 Gusslagerböcke

- Verwendungszweck
- Ein- und Weiterleitung der angreifenden Kräfte
- Mögliche einwirkende mechanische Belastungen

Verwendungszweck von Lagerböcken:

- Abstützen und Stabilisieren von Wellen, Achsen oder anderen rotierenden Bauteilen
- Aufnahme und Weiterleitung von radial und axial wirkenden Kräften
- Verringern der Reibung zwischen beweglichen Teilen

Zur Ermittlung der möglichen einwirkenden mechanischen Belastungen sind zu analysieren (Abb. 4.32):

- der Stützkörper (Bauteilquerschnitt, Art der Belastung, Werkstoff)
- die zur Ein- und Weiterleitung der Kräfte dienenden Wirkflächen.

Abb. 4.32 Mögliche mechanische Belastungen der Gusslagerböcke

Bei der Analyse der Wirkflächen zur Weiterleitung der Kräfte (Befestigung der Lager-böcke mittels der Flansche) ist die Anordnung der Bohrungen für die Schraubver-bindungen von Bedeutung.

Abb. 4.33 erläutert die in Abb. 4.32 verwendeten Begriffe Kraftschrauben und Heft-schrauben.

Abb. 4.33 Kraftschrauben – Heftschraube

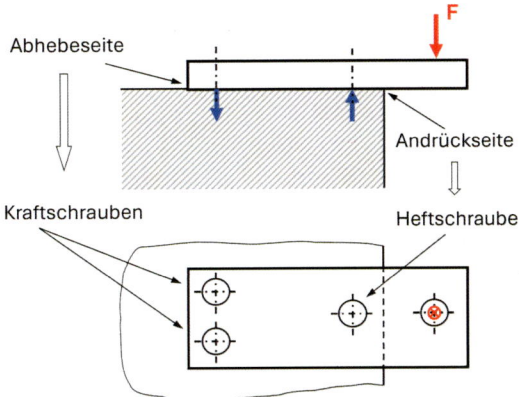

Kraftschrauben dienen dazu, neben der Vorspannkraft die durch die äußere Be-lastung verursachte Auflagerkraft auf der Abhebeseite aufzunehmen und weiterzuleiten.

Heftschrauben werden auf der Andrückseite nur durch die Vorspannkraft belastet, die Aufklaffen der Fuge zwischen dem Lagerbock und dessen Befestigungsfläche ver-hindert.

Konstruktionsregel
Anzahl der Kraftschrauben > Anzahl der Heftschrauben
Bei den Lagerböcken ③ und ④ in Abb. 4.31 ist dies realisiert.
Bei Lagerbock ⑤ ist durch die symmetrische Bohrungsanordnung Biegung über beide Achsen möglich.

4.5 Gestaltung

Die wichtigste Anforderung an eine Konstruktion ist, dass sie die gewünschte Funktion über die gesamte vorgesehene Lebensdauer sicher erfüllt.

Wie bereits in der Einführung betont, steht im Mittelpunkt des Entwerfens und Ge-staltens eines Moduls und dessen Bauteilen das funktionsgerechte Gestalten, jedoch unter ständiger Berücksichtigung der Herstellbarkeit, des fertigungsgerechten Gestaltens [28].

Abb. 4.34 zeigt die wesentlichen **Einflussfaktoren auf die Gestaltung** der maßgebenden Module gemäß VDI 2221 [29] Abb. 2.13.

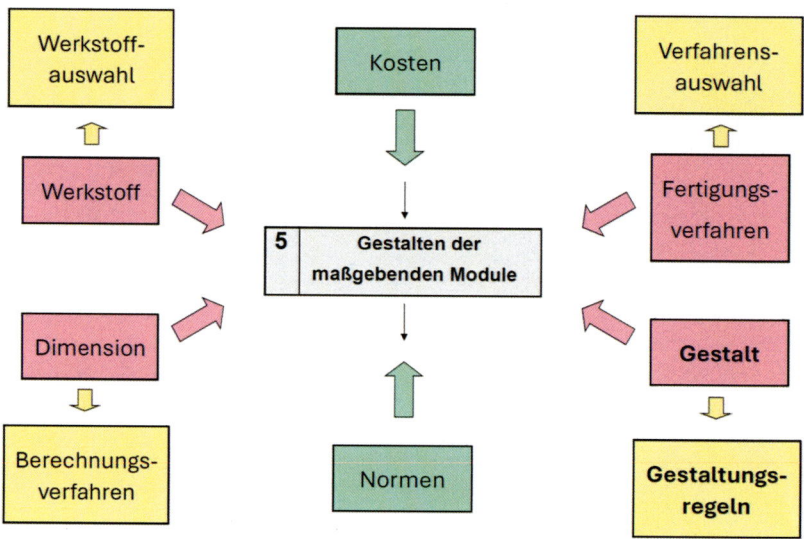

Abb. 4.34   Einflussfaktoren auf die Gestaltung der maßgebenden Module

Unter funktionsgerechter Gestaltung versteht man die Dimensionierung eines Erzeugnisses einschließlich der Werkstoffauswahl und Beachtung entsprechender Gestaltungsregeln.

Zum **funktionsgerechten Gestalten** gehören (nach [12]):

- Formgerechtes Gestalten (Geometrie)
- Toleranzgerechtes Gestalten (z. B. Toleranzketten)
- Festigkeits- und beanspruchungsgerechtes Gestalten
- Stabilitätsgerechtes Gestalten
- Verformungsgerechtes Gestalten
- Verschleißgerechtes Gestalten
- Verbindungsgerechtes Gestalten
- Sicherheitsgerechtes Gestalten
- Designgerechtes Gestalten
- Ergonomiegerechtes Gestalten
- Werkstoffgerechtes Gestalten
- Korrosionsschutzgerechtes Gestalten
- Recyclinggerechtes Gestalten

Fertigungsgerechtes Konstruieren ist die Praxis, Erzeugnisse so zu gestalten, dass sie einfach zu produzieren, montieren und warten sind.

Zum **fertigungsgerechten Gestalten** gehören (nach [12]):

- Kostengerechtes Gestalten (Konstruktion, Fertigung, Betrieb)
- Normgerechtes Gestalten
- Urformgerechtes Gestalten (z. B. gießgerecht)
- Umformgerechtes Gestalten (z. B. schmiedegerecht)
- Trenngerechtes Gestalten (z. B. spangerecht)
- Fügegerechtes Gestalten (z. B. schweißgerecht, montagegerech)
- Prüfgerechtes Gestalten
- Transportgerechtes Gestalten
- Instandhaltungsgerechtes Gestalten

Zum funktions- und fertigungsgerechten Gestalten beinhaltet die Baugruppe **Verstellvorrichtung** (Abb. 4.35) **form-, norm- und spangerechtes Gestalten**.

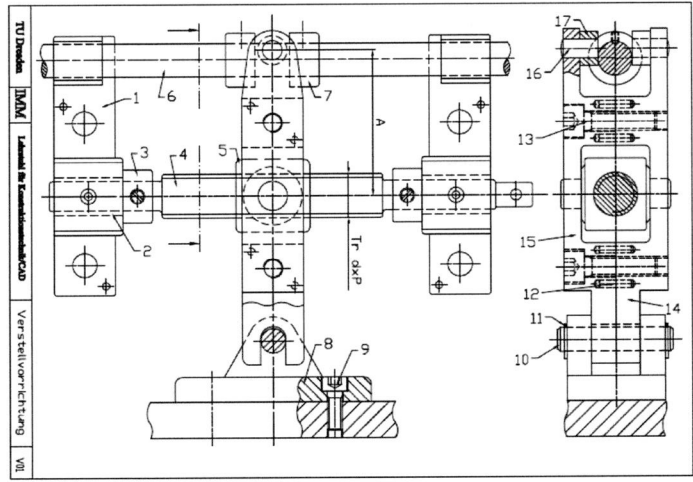

Einzelteile:

1	Lager (1 x links, 1 x rechts)	7	Stellring DIN 705-A	13	Zylinderstift ISO 2338
2	Buchse DIN 1850	8	Lagerbock	14	Hebelteil links
3	Stellring DIN 705-A	9	Zylinderschraube ISO 4762	15	Hebelteil rechts
4	Spindel	10	Bolzen	16	Rollenbolzen
5	Spindelmutter	11	Sicherungsring DIN 471	17	Rolle
6	Schubstange	12	Zylinderschraube ISO 4762		

Abb. 4.35   Verstellvorrichtung

Funktionsbeschreibung

- **Hauptfunktion**

  Horizontalverschiebung der Schubstange 6, dargestellt in Abb. 4.36.

Maximalauslenkung nach links: Maximalauslennkung nach rechts:

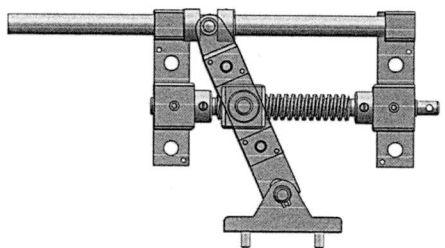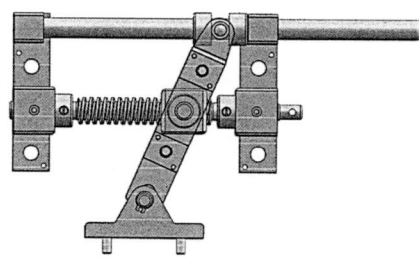

Abb. 4.36 Verstellvorrichtung – Maximalauslenkungen

- **Sekundärfunktionen**
  - Drehbewegung der Spindel 4 in Linearbewegung der Schubstange 6 wandeln
  - Führung der Spindel 4 und der Schubstange 6
- **Nebenbedingung**

  Befestigung der Verstellvorrichtung am angrenzenden Gestell
- **Teilfunktionen**
  - Einleitung der Drehbewegung der Spindel 4
  - Erzeugung der Horizontalverschiebung der Schubstange 6
- **Energiefluss**

  Kurbel auf Spindel 4 (nicht dargestellt) – Querstift (nicht dargestellt) – Spindel 4 mit Trapezgewinde – Spindelmutter 5 mit Trapezgewinde – Hebelteile 14, 15 – Stellringe 7 – Schubstange 6 – angrenzendes Funktionsteil (nicht dargestellt)
- **Baustruktur**
  - Spindel 4 und Spindelmutter 5: Drehbewegung in Linearbewegung wandeln.
  - Hebelteile 14, 15: Übertragung der axialen Linearbewegung von der Spindelmutter 5 zur Schubstange 6.
  - Rollenbolzen 16 und Rollen 17: Reibungsverminderung zwischen den Stellringen 7 und den Hebelteilen 14, 15.
  - Zylinderschrauben 13: Verbindung der Hebelteile 14, 15.
  - Lager 1 links und rechts sowie Lagerbock 8: Befestigung der Verstellvorrichtung am angrenzenden Gestell (nicht dargestellt).

Normgerechtes Gestalten

- Normteile:

  2 Buchse DIN 1850, 3 Stellring DIN 705-A12, 7 Stellring DIN 705-A14, 9 Zylinderschraube ISO 4762-M6x16-10.9, 11 Sicherungsring DIN 471-10x1, 12 Zylinderschraube ISO 4762–M8x20-10.9, 13 Zylinderstift ISO 2338-3m6x10-St

- Darstellung:

  Buchse 2, Zylinderstifte 12 und Zylinderschrauben 13 nicht sichtbar

  Haupt- und Anschlussmaße fehlen

Spangerechtes Gestalten

- Die Zeichnungsteile Lager 1, Spindel 4, Spindelmutter 5, Schubstange 6, Lagerbock
  8, Hebelteile 14 und 15, Rollenbolzen 16 und Rolle 17 werden durch Drehen, Fräsen
  und Bohren hergestellt.
- Ungünstig sind die Außenrundungen bei Spindelmutter 5 und Lagerbock 8, die durch
  Fasen ersetzt werden sollten (s. auch Lager rechts in Abb. 4.35).

Formgerechtes Gestalten

Beide Lager 1 sind nur in der Vorderansicht dargestellt.

Da das zum Lager links spiegelbildliche Lager rechts hinter der Schnittebene liegt,
wird es von den Hebelteilen 14, 15 verdeckt.

Ihre Form ist nicht eindeutig und kann nur als mögliche Variante gestaltet werden
(Abb. 4.37).

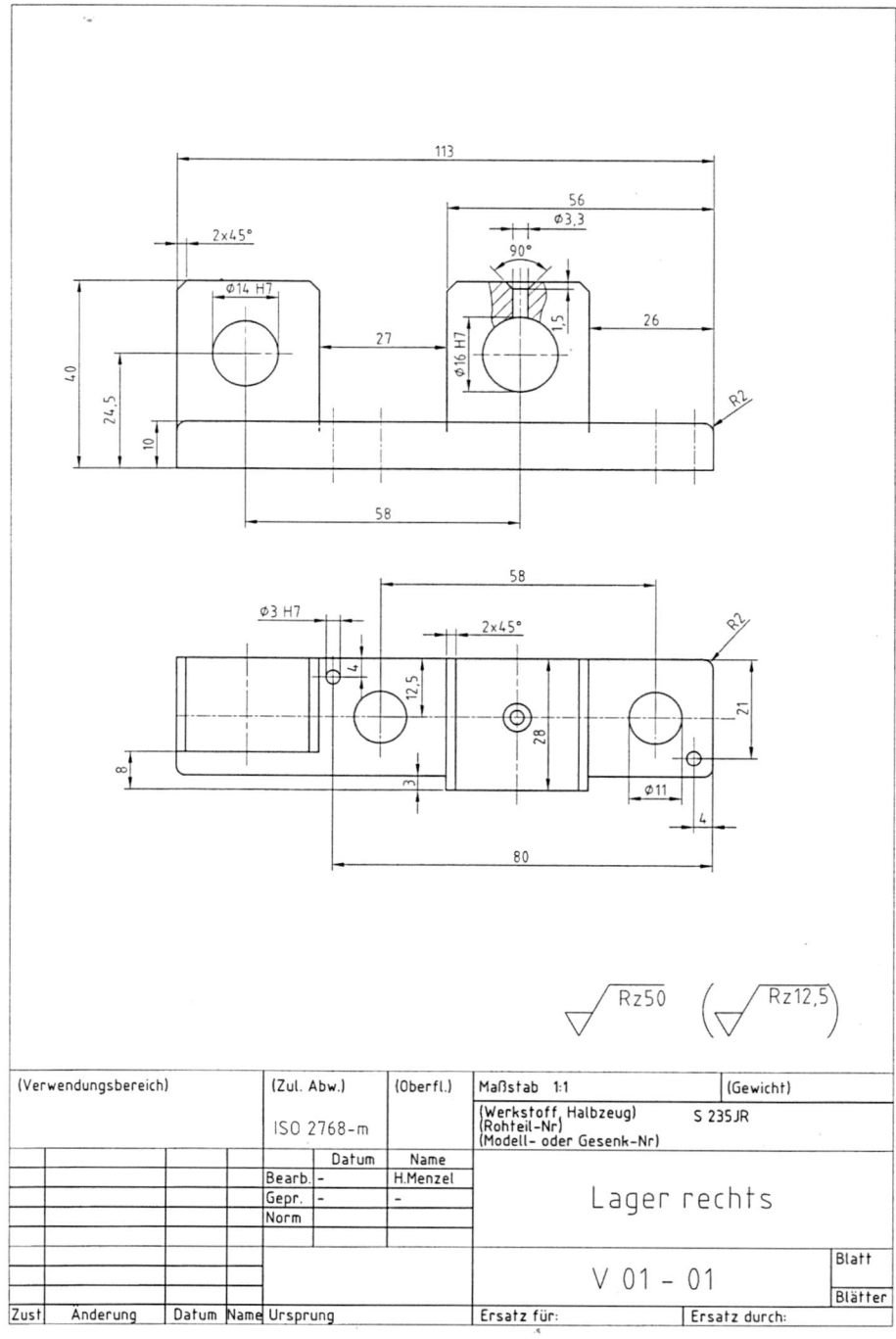

Abb. 4.37   Verstellvorrichtung – Lager rechts

Prägnante Beispiele für **festigkeits- und beanspruchungsgerechtes Gestalten** sind Lastaufnahmeeinrichtungen, die das sichere Anbringen von Lasten an Hebegeräte oder Krane ermöglichen.

Zu ihnen gehören:

- Lastaufnahmemittel (z. B. Greifer, Traversen, Vakuumheber, Lasthebemagnete)
- Anschlagmittel (z. B. Seile, Ketten, Ösen)
- Tragmittel (z. B. Kranhaken, Zangen)

Kraftleitung und Beanspruchungen in den **Lastaufnahmeeinrichtungen** Kranhaken, Anhängeöse und Seil zeigt Abb. 4.38.

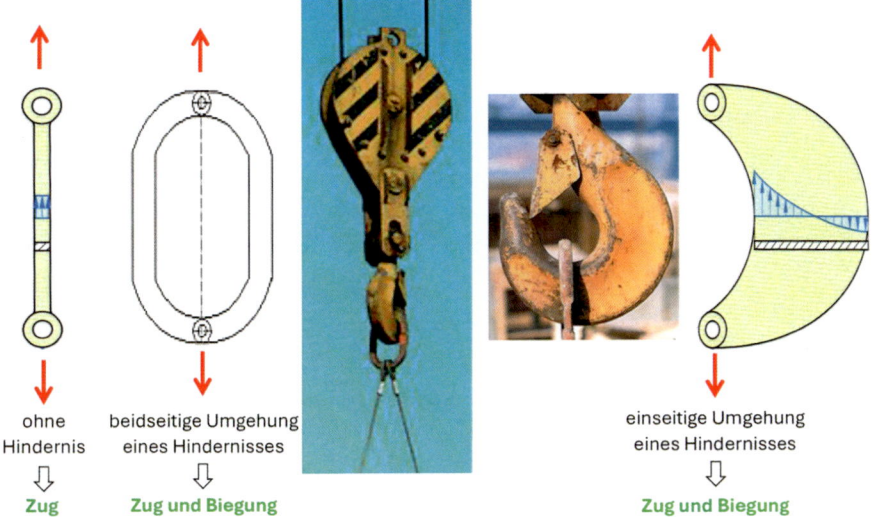

Abb. 4.38 Lastaufnahmeeinrichtungen

Bauteilbeanspruchungen
- Zug bei Kraftleitung ohne Hindernis zwischen den Anschlagpunkten
  ⇒ Seile mit geringem Querschnitt (hier vom Hebegerät und zur Traglast)
- Zug und Biegung bei Kraftleitung mit beidseitiger Umgehung eines Hindernisses (hier Aufhängeöse)
  ⇒ Anhängeöse mit größerem Querschnitt (hier zwischen Kranhaken und Seil zur Traglast)
- Zug und Biegung bei Kraftleitung mit einseitiger Umgehung des Hindernisses (hier Kranhaken)
  ⇒ Kranhaken mit größtem Querschnitt (C-Profil)

Die bei den Lastaufnahmeeinrichtungen gewonnenen Erkenntnisse lassen sich auf das Beispiel **Absperrventil** [26] nach Abb. 4.39 anwenden.

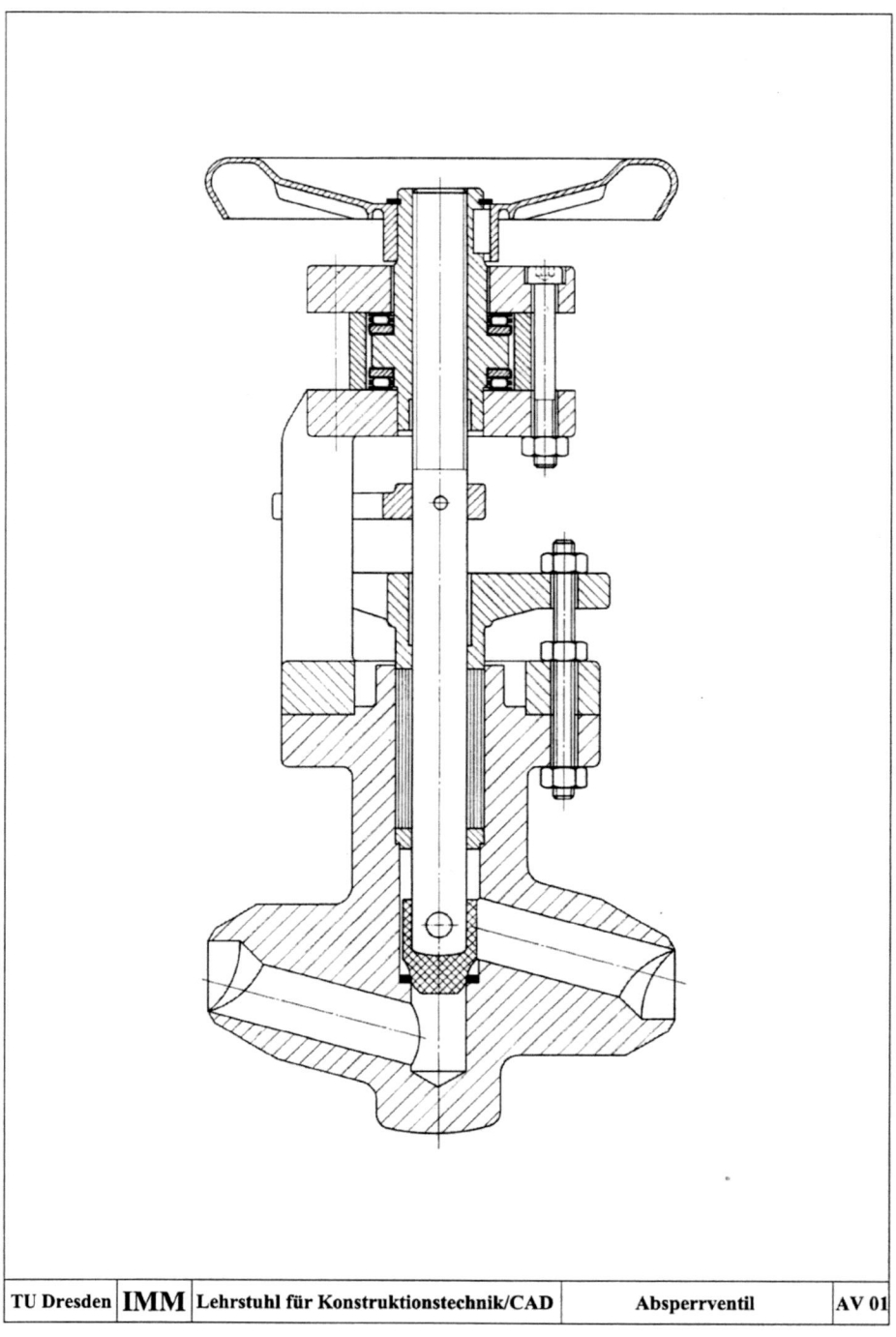

| TU Dresden | IMM | Lehrstuhl für Konstruktionstechnik/CAD | Absperrventil | AV 01 |

Abb. 4.39 Absperrventil

Analyse zum funktions-, festigkeits- und beanspruchungsgerechten Gestalten
- Funktionsbeschreibung
- Welche Aufgabe hat Teil 3?
- Welche Aufgabe hat Teil 4?
- Welche Form hat Teil 2?
- Durchflussrichtung von links nach rechts oder umgekehrt?

Analyse zum normgerechten Gestalten
- Welcher Schnittverlauf ist dargestellt?
- Darstellung von Teil 2. Wieso sind beide Ringe unterschiedlich schraffiert?
- Woraus ergeben sich die bogenförmigen Körperkanten im Ventilgehäuse 1?

Funktionsbeschreibung
- **Hauptfunktion**
  Absperren oder Freigeben des Durchflusses von Fluiden (Gasen oder Flüssigkeiten)
- **Sekundärfunktion**
  Regelung des Durchflusses
- **Nebenbedingungen**
  Nennweite NW = 10 – 50 mm, Nenndruck ND = 500 bar
  Abdichten gegen Fluidaustritt
- **Teilfunktionen**
  Realisieren der vertikalen Linearbewegung der Ventilspindel
  Absperren oder Regeln des Durchflusses
  Abdichten der Ventilspindel
  Anschließen der Fluidleitungen
- **Energiefluss**
  Einleiten des Drehmoments am Handrad – Passfeder – Spindelmutter – Spindel /
  Axialkraft auf den Ventilsitz im Ventilgehäuse 1
- **Baustruktur**
  Handrad: Normteil (Ganter)
  Axial-Rollenlager (zwischen oberem Ring und Teil 2): Reibungsverminderung beim
  Drehen des Handrades, Normteil
  Spindel: Drehteil
  Stopfbuchspackung (Hülse um die Spindel im Ventilgehäuse 1): z. B. PTFE
  Ventilgehäuse 1: Gussteil

Aufgabe von Teil 3
Bei diesem Ventil wird beim Drehen des Handrades nicht die Spindel, sondern die
Spindelmutter gedreht. Zum Wandeln der Drehbewegung darf sich ein Partner nicht mit-
drehen, bei diesem Ventil die Spindel Teil3 dient der Verdrehsicherung der Spindel.

Aufgabe von Teil 4

Zum Abdichten der Spindel dient die dargestellte Stopfbuchsdichtung, bestehend aus der Stopfbuchspackung und der Stopfbuchsbrille 4, die mittels Schraubverbindung die Stopfbuchspackung axial zusammenpresst.

Form von Teil 2

Von Studentinnen und Studenten, aber auch praktizierenden Fachleuten in der Konstruktion wurde Teil 2 sehr oft zwar als ein Teil (trotz unterschiedlicher Schraffur), aber mit nur einem Steg dargestellt.

Dies widerspricht aber dem beanspruchungsgerechten Gestalten, wie in Abb. 4.40 hergeleitet wird.

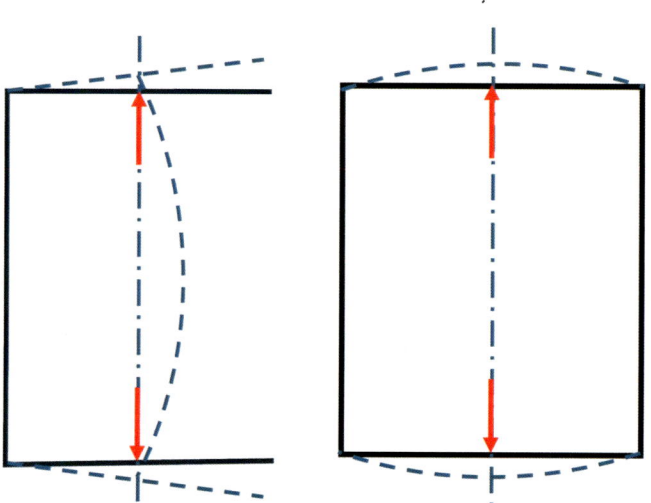

Abb. 4.40   Absperrventil – Wirkprinzip

Links ist Teil 2 mit nur einem Steg modelliert (C-Profil analog Kranhaken); infolgedessen wird es durch die axialen Anpresskräfte auf Zug und einseitig wirkende Biegung beansprucht, wodurch es sich asymmetrisch verformt. Damit wird auch die Spindel verbogen.

Im Laufe der Zeit wird das Ventil funktionsuntüchtig.

Rechts ist Teil 2 mit zwei Stegen modelliert (analog Aufhängeöse); infolgedessen wird es zwar auch auf Zug und Biegung beansprucht, letztere aber symmetrisch.

Damit wird die Spindel nicht verbogen.

Das Ventil bleibt funktionstüchtig.

Durchflussrichtung

Auf dem Gehäuse von Ventilen wird die Durchflussrichtung mit einem Pfeil gekennzeichnet.

Da in Abb. 4.39 eine Schnittdarstellung vorgegeben ist, steht diese Kennzeichnung nicht zur Verfügung.

Man kann sich dies jedoch herleiten.

Bei Durchflussrichtung von rechts nach links würde der anliegende Druck auch bei geschlossenem Ventil die oben beschriebene Stopfbuchsdichtung beaufschlagen. Bei Durchflussrichtung von links nach rechts verbleibt der anliegende Druck in der Druckleitung.

Also ist auf dem Ventilgehäuse ein Pfeil nach rechts abgebildet.

Schnittverlauf

Offensichtlich wollte man möglichst viele Informationen in dieser Schnittdarstellung vorsehen, um eine weitere Ansicht einzusparen.

Wie bei Teil 2 herausgearbeitet, weist dieses nicht nur wie dargestellt einen Steg auf, sondern aus Gründen der „Maschinenbaulogik" zwei Stege.

Auch das Zusammenpressen der Stopfbuchsdichtung mittels Stopfbuchsbrille 4 kann nicht nur mit einer Schraubverbindung vorgenommen werden, sondern benötigt deren zwei Verbindungen.

Daraus schlussfolgernd kann es sich nur um einen abgeknickten Schnittverlauf handeln, wie aus Abb. 4.41 zu erkennen ist.

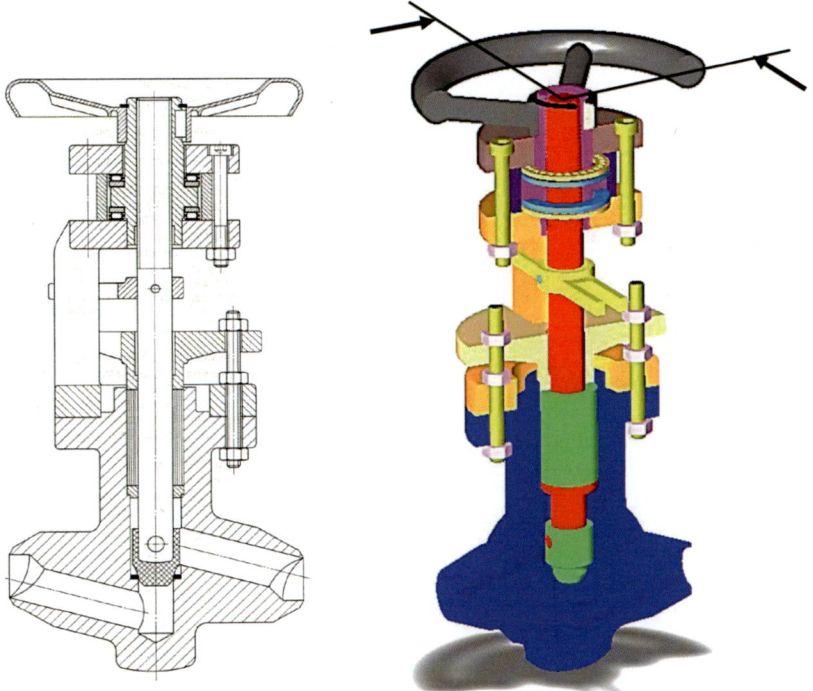

Abb. 4.41 Absperrventil – Schnittverlauf

Darstellung von Teil 2

Zur unterschiedlichen Schraffur: Wie bereits festgestellt, besteht Teil 2 aus einem Stück, muss also mit einheitlicher Schraffur ausgeführt werden.

Zum nicht schraffierten Steg: Im Regelfall werden Rippen, Befestigungsmittel, Wellen, Radspeichen und ähnliche Teile nicht als Längsschnitte dargestellt (DIN ISO 128-44).

Bogenförmige Körperkanten im Ventilgehäuse 1

Für die schräg verlaufenden Bohrungen der Zu- und Abflussleitungen benötigt das Werkzeug eine dazu senkrechte Ansatzfläche, die durch die Spitzenwinkel von horizontal eingebrachten etwas größeren Bohrungen geschaffen werden.

Die bisherigen Betrachtungen zum festigkeits- und beanspruchungsgerechten Gestalten zur Vermeidung von Bauteilversagen setzten große Steifigkeit der Bauteile voraus.

Eine nicht so selbstverständliche Art des Versagens von Maschinenbauteilen kann **unzulässig großeVerformung** sein [28], die entstehen kann als Folge von:

- Dehnung durch Zug (selten)
- Stauchung durch Druck (sehr selten)
- Durchbiegung
- Verdrehung durch Torsion, s. Abb. 4.42
- Stabilitätsverlust (Knicken, Beulen, …), s. Abb. 4.46
- Schwingungen, s. Tacoma Narrows Bridge Abb. 4.28

In Tab. 4.4 wurden kraftgerechte Bauteilquerschnitte für verschiedene Belastungen aufgeführt, u. a. biegesteife offene Profile (z. B. Doppel-T) und torsionssteife geschlossene Hohlprofile (z. B. Vierkantrohre).

Torsionsbeanspruchung führte beim offenen Doppel-T-Träger in Abb. 4.42 zu dessen starker plastischer Verformung.

Abb. 4.42 Plastisch verformter Doppel-T-Träger

Schwingenträger von Zweirad-Kraftfahrzeugen, die um den Kotflügel herumgeführt sind und die Langarmschwinge stützen, werden stark torsionsbelastet.

Abb. 4.43 zeigt zwei sehr unterschiedlich gestaltete Ausführungen.

Schwingenträger

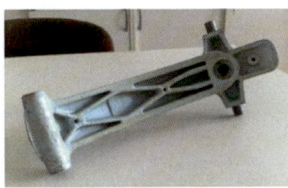

geschlossenes
Blech-Kastenprofil

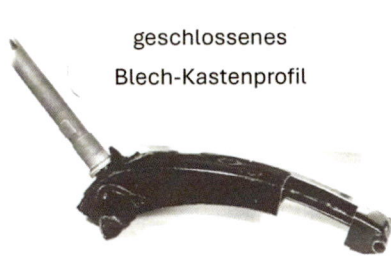

offenes
Gussprofil

Abb. 4.43 Schwingenträger

Links:

Torsionssteifes geschlossenes Blech-Kastenprofil der mit einem Leergewicht von 78,5 kg leichteren Simson-Schwalbe S 51, dem meistgebauten deutschen Kleinkraftrad.

Rechts:

Offenes Guss-U-Profil vom mit 122 kg viel schwereren Tourenroller Troll IWL S59 Berlin. Kann dieses Profil die Anforderung erfüllen?

Wie gelingt es, bei einem offenen Profil die Torsionssteifigkeit zu erhöhen? Beim Troll-Schwingenträger spielen offensichtlich die Verrippungen eine Rolle.

In Tab. 4.5 werden verschiedene **Verrippungsarten** hinsichtlich einer Steigerung der Torsionssteifigkeit von Kastenprofilen untersucht.

Tab. 4.5 Verrippungsarten von Kastenprofilen

Art der Verrippung		Ausführung	Torsionssteifigkeit C_T [%]	C_T / m [%]
ohne		theoretisch	100	100
		experimentell ohne Kopfplatte	6,5	6,5
		experimentell mit Kopfplatte	51,5	51,5
Längsrippen		experimentell ohne Kopfplatte	65	48,5
		experimentell mit Kopfplatte	79,5	60,5
		experimentell mit Kopfplatte	126	79
Querrippen		experimentell mit Kopfplatte	98	92
		experimentell mit Kopfplatte	108	95

Letzte Spalte rechts:

Normierte Torsionssteifigkeit, bezogen auf die Profilmasse.

Zeilen 4–8:

Deutliche Steigerungen der Torsionssteifigkeit erhält man durch diagonal angeordnete Längsrippen, die eine Verzerrung des Profils vermindern.

Zeilen 4–6:

Nur bei großen Profilabmessungen, z. B. **Werkzeugmaschinengestellen** [13], kann man Längsrippen realisieren, s. Abb. 4.44.

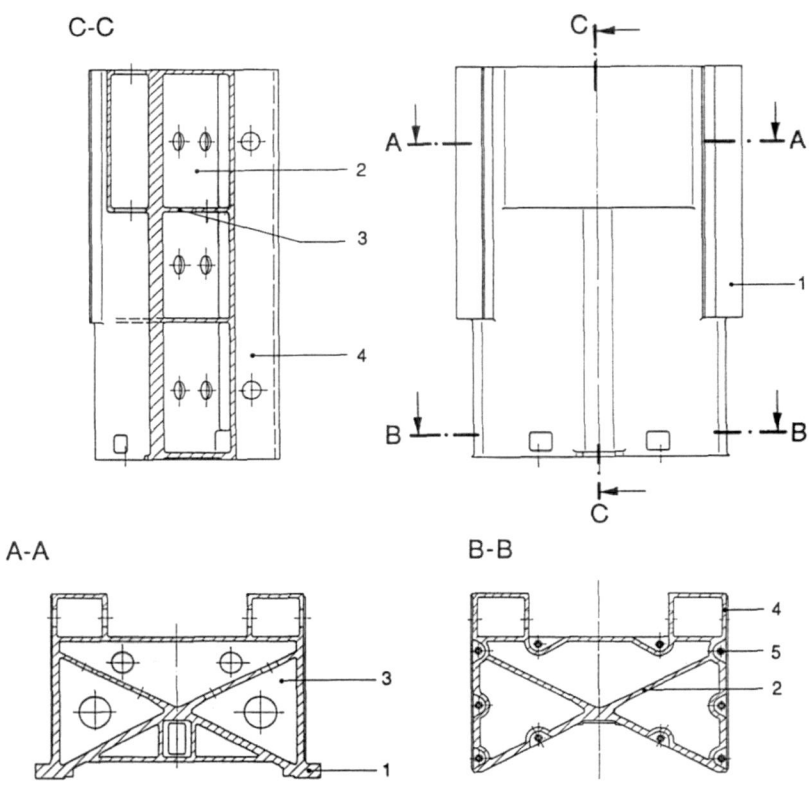

Abb. 4.44 Werkzeugmaschinengestell

Zeilen 7–8:

Bei kleineren Profilen lassen sich nur Querrippen realisieren, je nach Profillänge mit einer oder mehreren Rippen, mit denen man fast den theoretischen Wert erreicht.

Zeile 2:

Warum ist die experimentell ermittelte **Torsionssteifigkeit** gegenüber dem berechneten Wert mit nur 6,5 % so gering?

Die Erläuterung liefert Abb. 4.45.

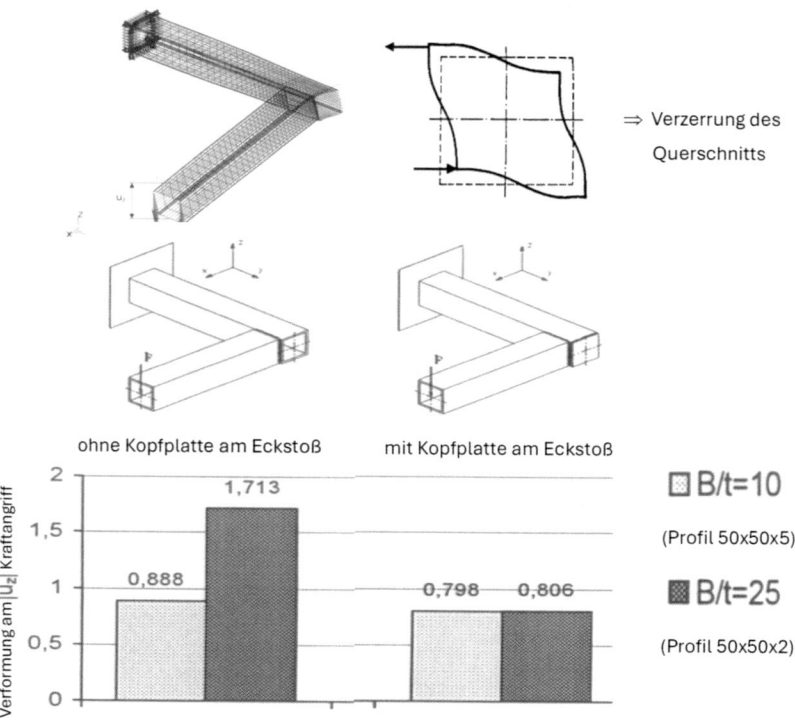

Abb. 4.45 Querschnittsverzerrung

Grafik oben:

Voraussetzung für den theoretischen Wert ist ein verzerrungsfreier Querschnitt. Bei sehr dünnwandigen Hohlprofilen (B/t ≥ 10) ist dies allerdings nicht gegeben.

Konstruktionselemente Mitte und Diagramm unten [14]:

Berechnungen zu Kastenprofilen mit unterschiedlichen Profilwandstärken ergaben beim dünnwandigen Profil (B/t = 25) eine deutliche Steigerung der Torsionssteifigkeit durch Verzerrungsbehinderung mittels Kopfplatte am Eckstoß.

Beim Grenzwert zur Dickwandigkeit (B/t = 10) ergab sich kein signifikanter Unterschied.

Stabilitätsverlust führte zum „**Schneechaos in Steinfurt**" 2005 nach Eisregen und Sturm mit Böen bis Orkanstärke, bei dem viele Gittermasten umknickten (Abb. 4.46), wobei festgelegte Grenzwerte bis ums 14,4-fache überschritten wurden (Münstersche Zeitung am 28.11.2005).

Abb. 4.46   Schneechaos in Steinfurt

Nunmehr zum **fertigungsgerechten Gestalten**.
Gießgerechtes Gestalten soll am Beispiel eines **Gusslagerbocks** behandelt werden.
Die Grundregeln lehnen sich an den Verfahrensablauf beim Gießen an [8]:

1. **Modell- und Formenbau, Einformen**
   - Möglichst einteiliges Modell vorsehen, Beispiel in Abb. 4.47.
   - Einform- und Gießvorgang, bem Beispiel in Abb. 4.46.
   - Bei geteilten Modellen Einformtiefe minimieren (Abb. 4.49).
   - Hinterschnitt vermeiden, sonst Kern notwendig (Abb. 4.50).

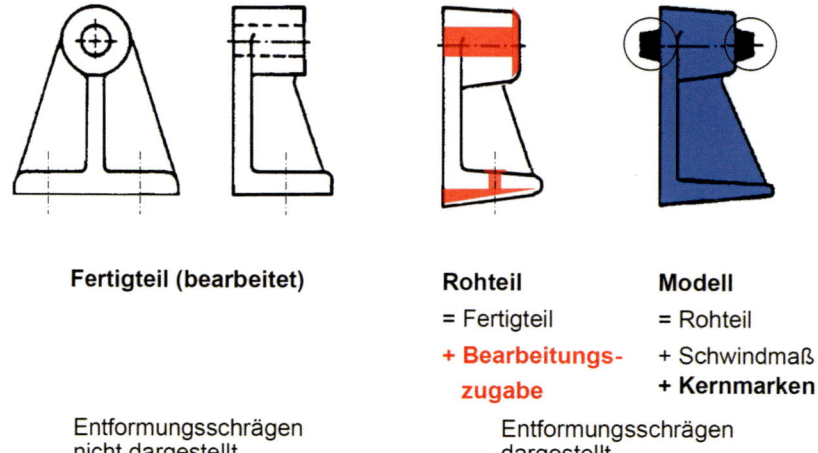

Fertigteil (bearbeitet)

Entformungsschrägen
nicht dargestellt

Rohteil

= Fertigteil

**+ Bearbeitungs-
   zugabe**

Modell

= Rohteil

+ Schwindmaß

+ Kernmarken

Entformungsschrägen
dargestellt

Abb. 4.47   Gusslagerbock mit einteiligem Modell

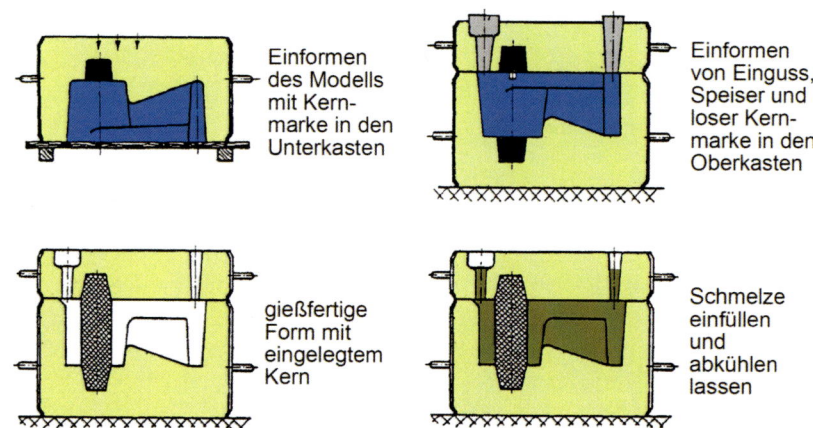

Einformen
des Modells
mit Kern-
marke in den
Unterkasten

Einformen
von Einguss,
Speiser und
loser Kern-
marke in den
Oberkasten

gießfertige
Form mit
eingelegtem
Kern

Schmelze
einfüllen
und
abkühlen
lassen

Abb. 4.48   Gusslagerbock – Einform- und Gießvorgang

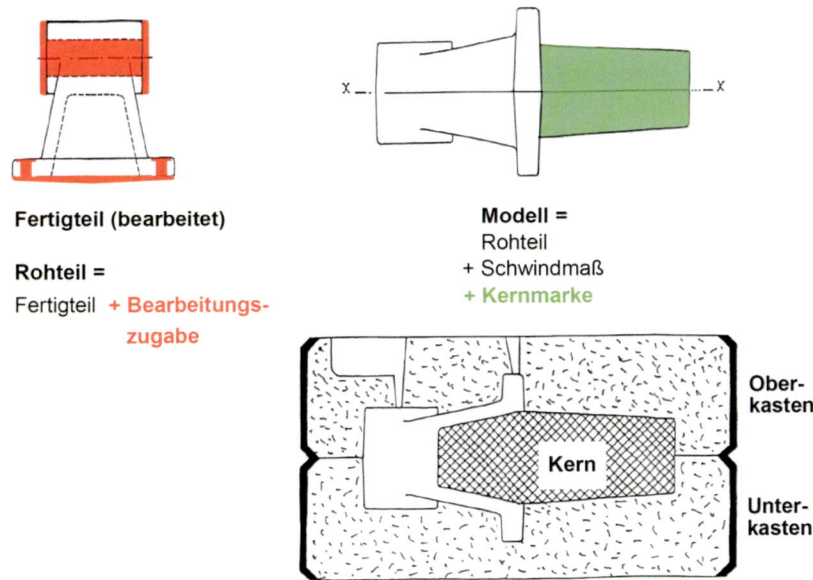

Abb. 4.49   Gusslagerbock – zweiteiliges Modell mit Kern

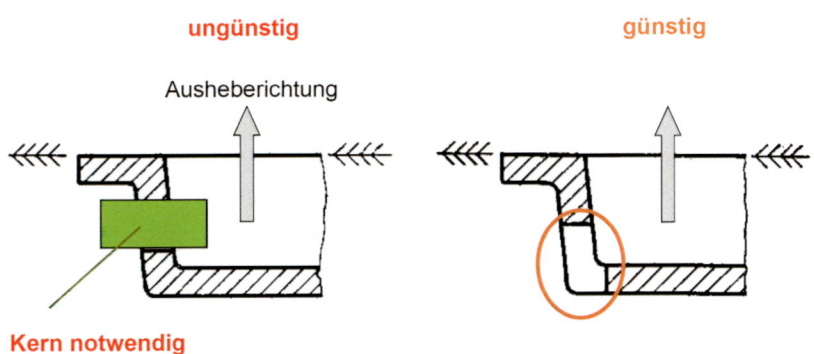

Abb. 4.50   Hinterschnitt vermeiden

2. **Gießen, Abkühlen**

– Werkstoffanhäufungen vermeiden – Heuvers´sche Kreismethode [15] anwenden (Abb. 4.51).
– Zweckmäßige Wanddicken wählen, z. B. bei Gussteilen mit Größtmaß bis 100 mm: Grauguss s ≥ 3 mm, Stahlguss s ≥ 6 mm.
– Kanten und Kehlen abrunden.
– Sandecken vermeiden

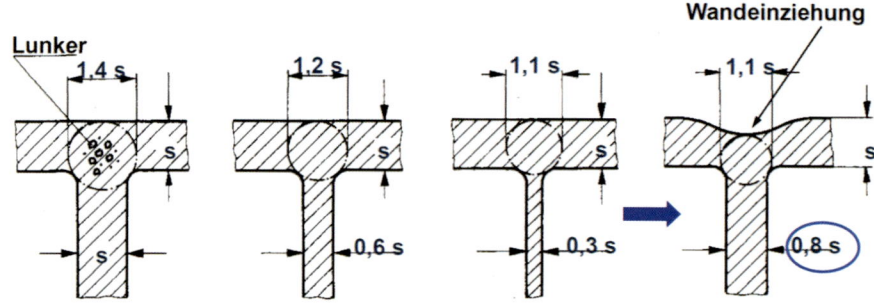

Abb. 4.51   Knotenpunkte in Gussteilen

3. **Bearbeiten**
   – Bearbeitungszugaben vorsehen.
   – Geeignete Spannflächen vorsehen.
   – Arbeitsflächen vorsehen.

Wesentliche Regeln des **gießgerechten Gestaltens** (nach [8] und [16]):

- **Beanspruchungsgerecht**
  Werkstoff dort anordnen, wo er benötigt wird.
  Zugbeanspruchte Rippen vermeiden oder durch Wulst verstärken.
  Elastische Verrippungen vorsehen.
  Wandversteifung anstelle von Rippen durch sickenförmige Profile.
- **Modell- und Formenbau, Einformen**
  Möglichst einteiliges Modell.
  Hinterschneidungen vermeiden (sonst Kerne erforderlich)
- **Gießen, Abkühlen**
  Zweckmäßige und gleichmäßige Wanddicken wählen.
  Werkstoffanhäufungen vermeiden (Heuvers'sche Kontrollkreise).
  Kanten und Kehlen abrunden.
  Sandecken vermeiden.
- **Bearbeiten**
  Bearbeitungszugaben vorsehen.
  Präzise zu bearbeitende Flächen möglichst klein wählen.
  Bearbeitungsflächen in eine Ebene legen.
  Geeignete Spannflächen ermöglichen.

Ein fiktives **Gussgehäuse** mit Innendruckbeanspruchung und insgesamt 14 Gestaltungsfehlern [17] auf der linken Seite sowie ihren gießgerechten Ausführungen rechts zeigt Abb. 4.52.

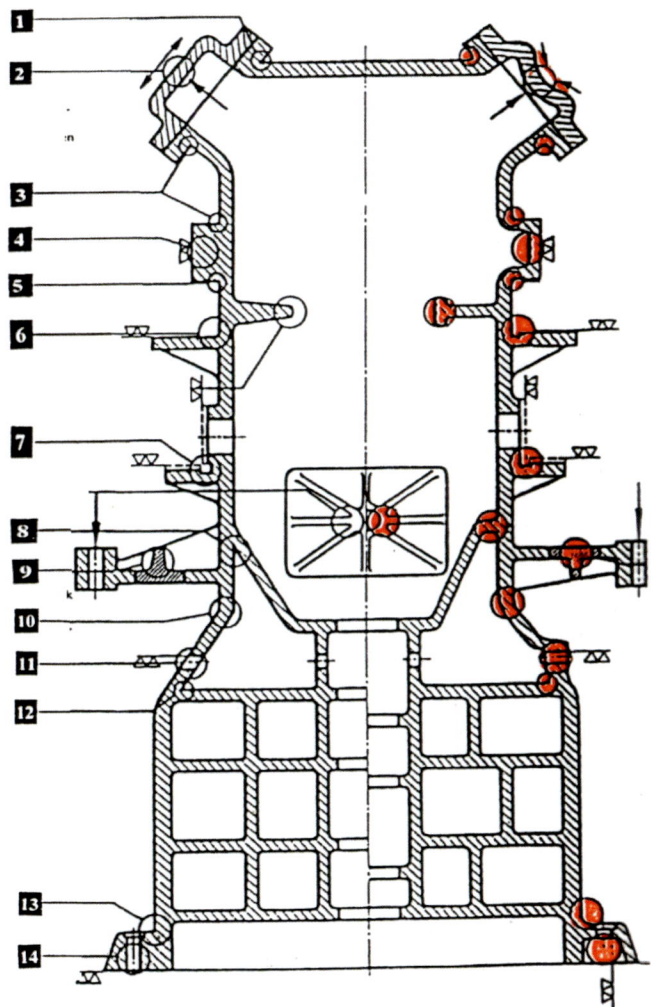

Abb. 4.52 Fiktives Gussgehäuse

Tab. 4.6 beinhaltet die **Analyse der Gestaltungsfehler**.

Tab. 4.6 Fiktives Gussgehäuse – Analyse der Gestaltungsfehler

`1` `3` `5`	Rissgefahr $\Rightarrow$ ausrunden!
`2`	Ungünstige Zugbeanspruchung $\Rightarrow$ günstige Druckbeanspruchung durch Wölbung nach innen!
`4`	Werkstoffanhäufung und Lunkergefahr $\Rightarrow$ gleichmäßige Wanddicke vorsehen!
`6`	Kein Bearbeitungsauslauf $\Rightarrow$ Auslauf vorsehen!
innen	Rippe auf Zugseite ungünstig $\Rightarrow$ Rippe mit Wulst vorsehen!
`7`	Fertigungstechnische Schwierigkeiten beim Formen und Bearbeiten $\Rightarrow$ ausreichend dimensionierte Auslaufecken vorsehen!
innen	Werkstoffanhäufung am Kreuzungspunkt $\Rightarrow$ Rippen auflösen!
`8`	Rissgefahr $\Rightarrow$ ausrunden!
`9`	Rippe auf Zugseite ungünstig $\Rightarrow$ Rippe auf Druckseite anordnen!
`10`	Scharfkantiger Übergang $\Rightarrow$ ausrunden!
`11`	Ungünstiger Werkzeuganschnitt $\Rightarrow$ Werkzeugein- und -auslauf senkrecht zur Bohrachse vorsehen!
`12` `13`	Rissgefahr $\Rightarrow$ ausrunden!
nach `12`	Kreuzverrippung führt zu Materialanhäufung in den Kreuzungspunkten $\Rightarrow$ Knotenpunkte auflösen!
`14`	Werkstoffanhäufung mit Lunkergefahr $\Rightarrow$ gleichmäßige Wanddicke vorsehen!
Standfläche	Großer Bearbeitungsaufwand $\Rightarrow$ Bearbeitungsfläche absetzen!

Beim Zwischentrieb in Abb. 4.53 [18], von dem nur eine Schnittansicht der Zusammenbauzeichnung vorliegt, sind das Stehlagergehäuse 1 und der Flanschdeckel 4 zu gestalten.

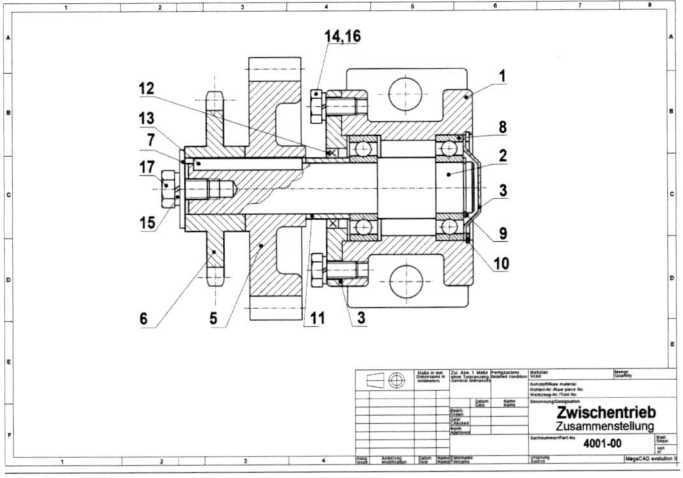

Einzelteile:

1	Stehlagergehäuse	7	Scheibe	13	Passfeder DIN 6885
2	Welle	8	Rillenkugellager DIN 625	14	Federring DIN 128
3	Deckel	9	Sicherungsring DIN 471	15	Federring DIN 128
4	Flanschdeckel	10	Sicherungsring DIN 472	16	Sechskantschraube ISO 4017
5	Stirnrad	11	Zwischenhülse	17	Sechskantschraube ISO 4017
6	Kettenrad	12	Wellendichtring DIN 3760		

Abb. 4.53   Zwischentrieb

Funktionsbeschreibung
- Die Hauptfunktion betrifft die Umsetzung eines Kettentriebs vom Kettenrad 6 auf einen Zahnradtrieb mit Stirnrad 5 oder umgekehrt.
- Das Drehmoment wird zwischen Kettenrad und Stirnrad über die Passfeder 13 und die Welle 2 übertragen.
- Die Welle 2 ist im Stehlagergehäuse 1 mit zwei Rillenkugellagern 8 in Fest-Los-Lagerung gelagert.
- Da Deckel 3 das Stehlagergehäuse 1 nicht öldicht verschließt, werden die Rillenkugellager 8 offensichtlich fettgeschmiert.

Zur Gestaltung
Bei den genannten Teilen Stehlagergehäuse 1 und Flanschdeckel 4 kann die jeweilige Form nur hergeleitet werden.

Da die Abrundungen auf Gussteile hinweisen, sind sie gießgerecht zu gestalten.

Mögliche Ausführungen des **Stehlagergehäuses** und des **Flanschdeckels** unter Berücksichtigung des formgerechten und des gießgerechten Gestaltens zeigen die Einzelteilzeichnungen in den Abb. 4.54 und 4.55 [18].

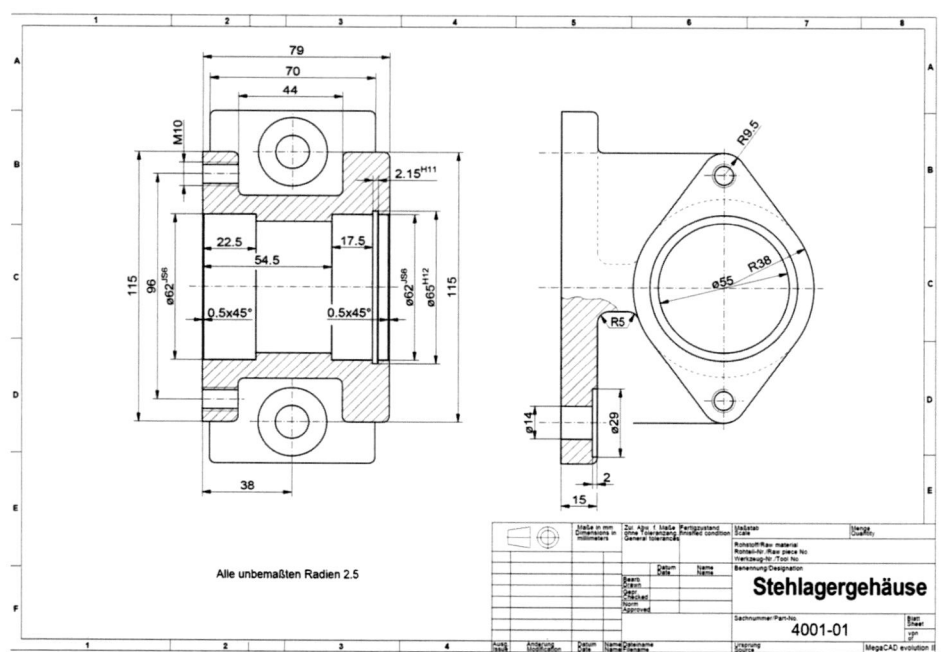

Abb. 4.54 Zwischentrieb – Stehlagergehäuse

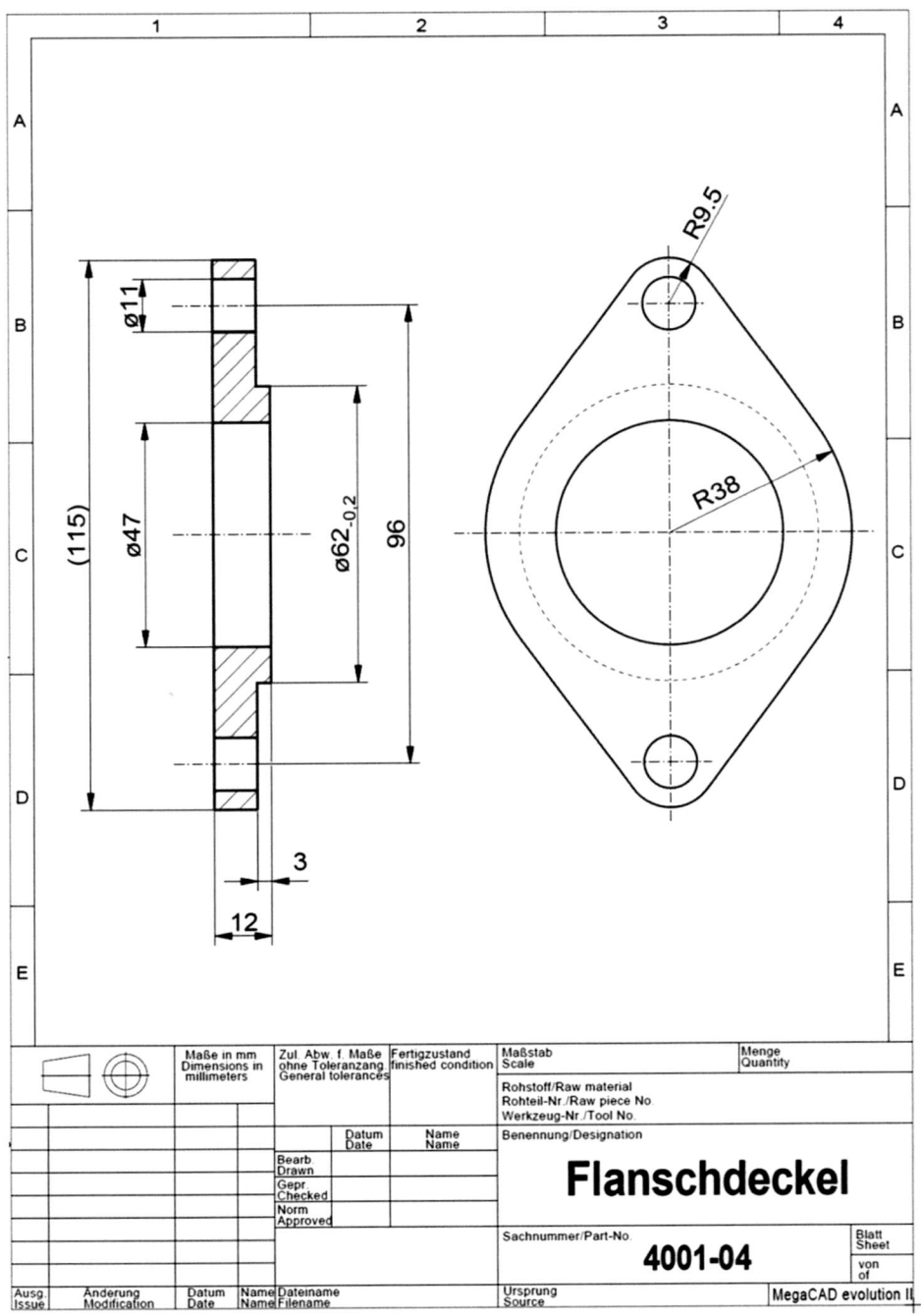

Abb. 4.55 Zwischentrieb – Flanschdeckel

Nunmehr zu **Schweißkonstruktionen** [19].

Schweißverbindungen werden eingesetzt, wenn unlösbare, starre Verbindungen zulässig oder notwendig sind, z. B. bei folgenden Anwendungen:

- Differentialbauweise von Bauteilen
- Zähe Konstruktionen
- Fügen unterschiedlicher Werkstoffe mit ähnlichen Schmelzpunkten und Wärmeausdehnungskoeffizienten.
  Mittels Laserschweißtechnologie werden aber auch Metallteile aus Aluminium (T_m = 660 °C) und Titan (T_m = 1668 °C) in der Luft- und Raumfahrtindustrie zu robusten Verbindungen gefügt.
- Fügen unterschiedlich vorgefertigter Fügeteile (Halbzeuge, Schmiede-, Walz-, Stanz-, Guss-, Fließpressteile).
- Geschweißte Konstruktionen sind grundsätzlich leichter als geschraubte, genietete oder gegossene Konstruktionen.
  Abb. 4.56 zeigt dies am Beispiel der Grundplatte für eine Motor-Pumpen-Kombination.

Abb. 4.56 Grundplatte für Motor-Pumpen-Kombination

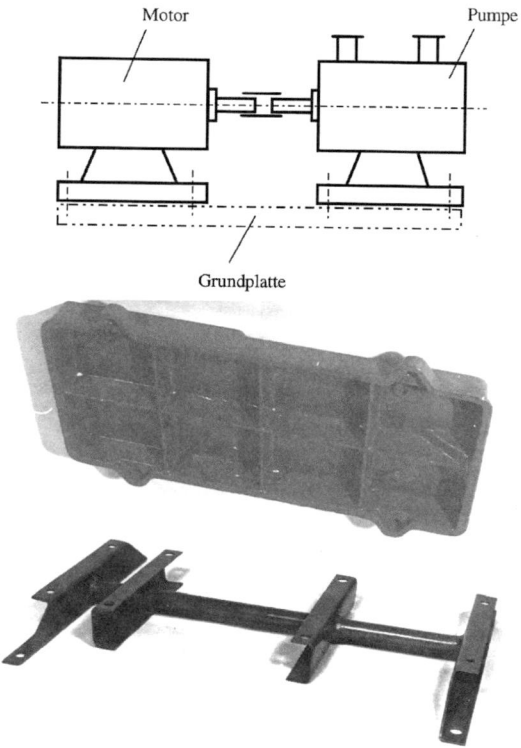

Oben:	Aufgabenstellung
Mitte:	Gussbauteil (Untersicht) [28] m = 12 kg
Unten:	Schweißbauteil (U-Profile/Rohr) [28] m = 1,5 kg
Herleitung:	Naheliegend ist, sich vom Begriff „Platte" leiten zu lassen. Maßgebend für die Gestaltung ist jedoch die geforderte Funktion des gesuchten Bauteils: • Aufnahme der Belastungen während des Betriebes (Drehmoment zwischen Motor und Pumpe) ⇒ Torsionsbeanspruchung des Bauteils. • Aufnahme der Transportkräfte (Eigengewichte von Motor und Pumpe) ⇒ Druckbeanspruchung des Bauteils.
Schweißbauteil:	Aufnahme der Torsionsbeanspruchung durch Rohr (geschlossenes Hohlprofil). ⇒ Aufnahme der Gewichtskräfte durch U-Profile.

Wesentliche **Regeln des schweißgerechten Gestaltens** [19, 20]

- **Beanspruchungsgerecht gestalten**
  - Art der Belastung berücksichtigen (statisch, dynamisch).
  - Art und Höhe der Beanspruchung der Schweißnähte berücksichtigen (Zug, Druck, Schub), hierzu Beispiel in Abb. 4.47.
  - Schweißnähte nicht in höchstbeanspruchten Bereichen des Bauteils anordnen.
  - Zugbeanspruchung in der Nahtwurzel vermeiden.
  - Kerbwirkung bei Ermüdungsbeanspruchung vermindern, Möglichkeiten s. Tab. 4.7.
  - Bei Biegung Schweißnähte in die neutrale Faser legen.
- **Schweißgerechte Gestaltung der Schweißgruppe**
  - Schweißgeeigneten Grundwerkstoff wählen.
  - Vermeidung von Werkstoffdopplungen.
  - Günstige Art und Anordnung der Schweißnähte.
  - Verzug bzw. Eigenspannungen minimieren.
- **Ausführbarkeit der Schweißnähte**
  - Geeignete Nahtart entsprechend dem Schweißstoß wählen.
  - Gute Zugänglichkeit zur Schweißstelle (Schweißstoß, Nahtwurzel) sichern.
  - Günstige Schweißposition realisieren.
  - Ausreichenden Randabstand bei Kehlnähten vorsehen.
- **Fertigungsgerechte Ausführung der einzelnen Teile der Schweißgruppe**
  - Anwendung geeigneter Halbzeuge.
  - Eigenschaften der eingesetzten Halbzeuge (Herstellungsverfahren, Abmessungen, Toleranzen) berücksichtigen.
  - Einfach herzustellende Außenkontur vorsehen.
  - Geeignete Fugenform wählen.

Tab. 4.7 Kerbwirkung bei geschweißten Konstruktionselementen

Wo sind Kerben?					
schroffe Querschnittsübergänge	Eckaussparungen nicht ringsumgeschweißt	Steifigkeitssprünge	Kettnähte	Poren Schlackeeinschlüsse	Kehlnähte (bleibender Spalt)
Wie vermindert man Kerbwirkung?					
allmähliche Querschnittsübergänge	ohne bzw. ringsumgeschweißte Aussparungen	Steifigkeitsangleichungen (z. B. Schrägen)	dünnere durchgängige Schweißnähte	richtige Werkstoffauswahl, gute Zugänglichkeit	Stumpfnähte (voller Werkstoffanschluss)

- **Fertigungsgerechte spanende Nachbearbeitung**
  - Schweißnähte sinnvoll anordnen.
  - Ausreichende Bearbeitungszugaben vorsehen.
  - Wendemöglichkeiten bei großen Schweißgruppen einplanen.
- **Beachtung erforderlicher Nachbehandlung**
  - Geringe Wanddickenunterschiede bei erforderlicher Wärmenachbehandlung vorsehen.
  - Zugänglichkeit für Beschichtungen sichern.
  - Geschlossene Hohlräume vermeiden, besonders bei galvanischen Verfahren.

Abb. 4.57 zeigt entsprechend der Art der Beanspruchung gestaltete Pedale des Pkws Trabant.

Oben: Kupplungspedal – höhere Druckbeanspruchung
           ⇒ U-Profil
Mitte: Bremspedal – hohe Druck- und Torsionsbeanspruchung
           ⇒geschlossenes Hohlprofil
Unten   Gaspedal – geringere Druckbeanspruchung
           ⇒ U-Profil

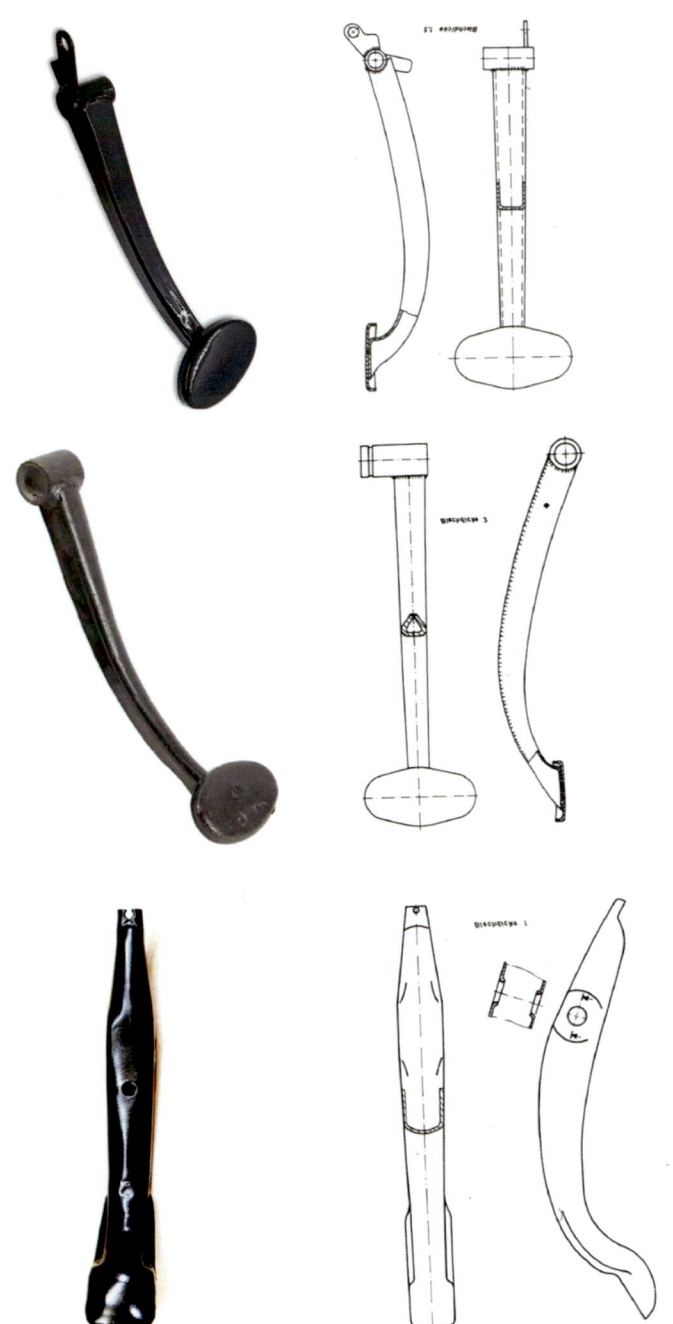

Abb. 4.57 Trabant – Pedale

Bei einer **Tandem-Vibrationswalze** (Abb. 4.58) sollen diese Regeln auf das geschweißte Walzenrad eines Walzenkörpers [7] (Abb. 4.59) angewendet werden.

Abb. 4.58 Tandem-Vibrationswalze

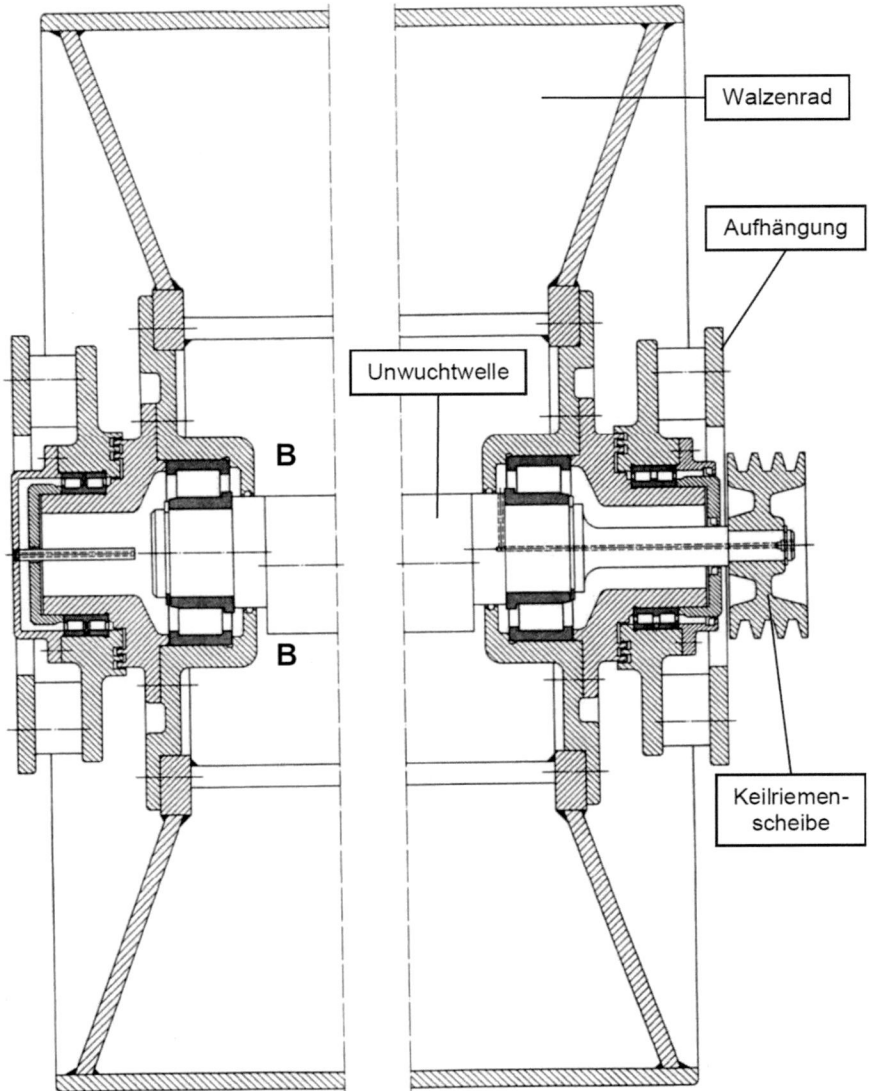

Abb. 4.59 Tandem-Vibrationswalze – Walzenkörper

Tandem-Vibrationswalzen besitzen zwei Walzenkörper mit Glattmantelbandage und werden zur Verdichtung von *Walzasphalt* verwendet.

Die Walzenkörper haben innen eine Vibrations- oder *Oszillationseinheit*, die bessere Verdichtungsergebnisse ermöglicht. Die Walze kann damit neben ihrer *Flächenpressung* auch *dynamische Energie* in die Asphaltschicht einleiten.

Daten zur Unwuchtwelle

Drehzahl	$n = 3000 \text{ min}^{-1}$
Hochlaufzeit	$t_A = 3 \text{ s}$

Masse des Unwuchtkörpers $m_U = 18\,\text{kg}$
Exzentrizität der Unwucht $e = 19\,\text{mm}$
Werkstoff   E 295

Querschnitt B – B

Wellendurchmesser $d = 50\,\text{mm}$
Absatzdurchmesser $D = 90\,\text{mm}$

Funktionsbeschreibung
- **Hauptfunktion**
  Bodenverdichtung, z. B. beim Aufbringen von Walzasphalt.
  Durch das Einbringen der Verdichtungsenergie kommt es zu Kornumlagerungen im Boden oder im Asphalt und damit zu einer Reduzierung des Porengehaltes.
- **Sekundärfunktion**
  Vibration des Walzenrades, um durch Schwingungen größere Verdichtungsenergie zu erzielen.
- **Nebenbedingungen**
  Walzenrad ist nicht angetrieben.
  Geringe Vibration beim Bediener.
- **Energiefluss**
  Antriebsmotor (nicht dargestellt) – Keilriemenscheibe – Übertragungselement (z. B. Passfeder, nicht dargestellt) – Unwuchtwelle – Zylinderrollenlager– Lagerdeckel – Schrauben (nicht dargestellt) – Walzenrad – Untergrund
- **Baustruktur**
  Keilriemenscheibe: Drehmomenteinleitung, Gussteil
  Unwuchtwelle: Erzeugung der Vibration durch exzentrische Unwucht, Drehteil
  Walzenrad: Verdichtung des Untergrunds, Schweißgruppe
  Aufhängung: Befestigung am Fahrzeugrahmen, Drehteil
  Rechteckige Teile neben den Aufhängungen: Schwingungsdämpfung
  Zylinderrollenlager: Normteil FAGNJ2311E:M1A:C4, Axialluft zwischen den Borden ca. 1 mm zur Vermeidung axialer Verspannungen

Analyse der Gestaltung des Walzenrades
- Art und Anordnung der Schweißnähte
  Kehlnähte sind ungünstig bei dynamischer Belastung (Kerbwirkung).
- Ausführbarkeit der Schweißnähte
  Innenliegende Kehlnähte zwischen Walzenmantel und Seitenwänden sind nicht zugänglich.
  Randabstände der Kehlnähte zwischen Naben und Seitenwänden sind zu gering.

Bei der **Tandemvibrationswalze** in Abb. 4.60 [26] sind stattdessen von außen geschweißte Stumpfnähte (DHY-Nähte mit Doppelkehlnähten) mit genügend großem Randabstand gewählt worden.

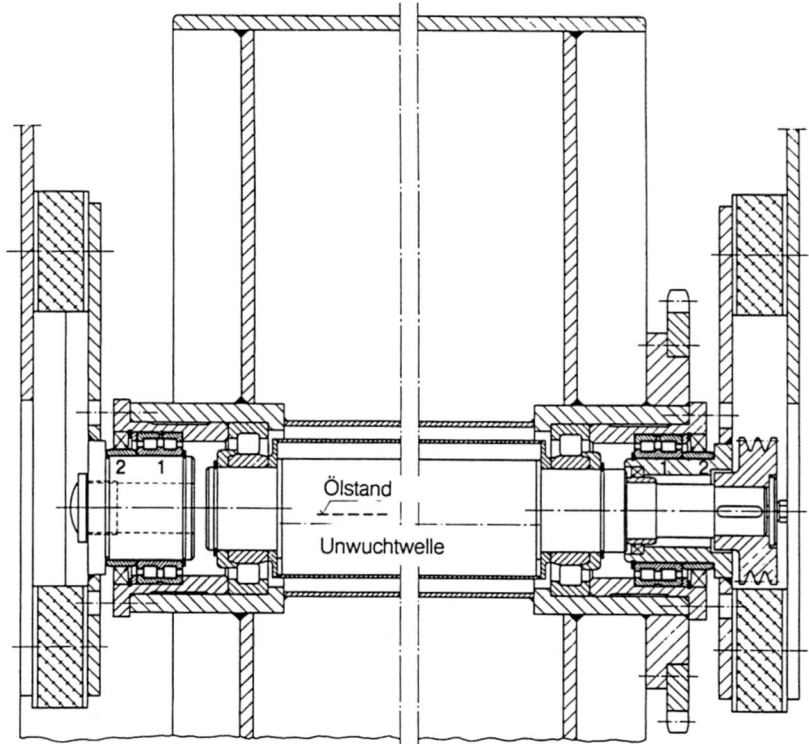

Abb. 4.60   Tandemvibrationswalze

Bei dieser Walze wird der Walzenkörper mittels Kettenrad angetrieben.

Zur Kerbwirkung

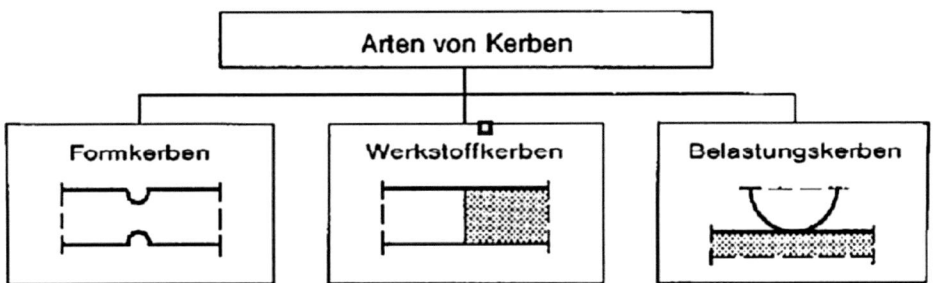

Tab. 4.7 erläutert, bei welchen Konstruktionselementen Kerben auftreten und mit welchen Maßnahmen Kerbwirkung vermindert werden kann [19].

Abb. 4.61 zeigt eine Schalpalette zur Fertigung von Betonplatten.

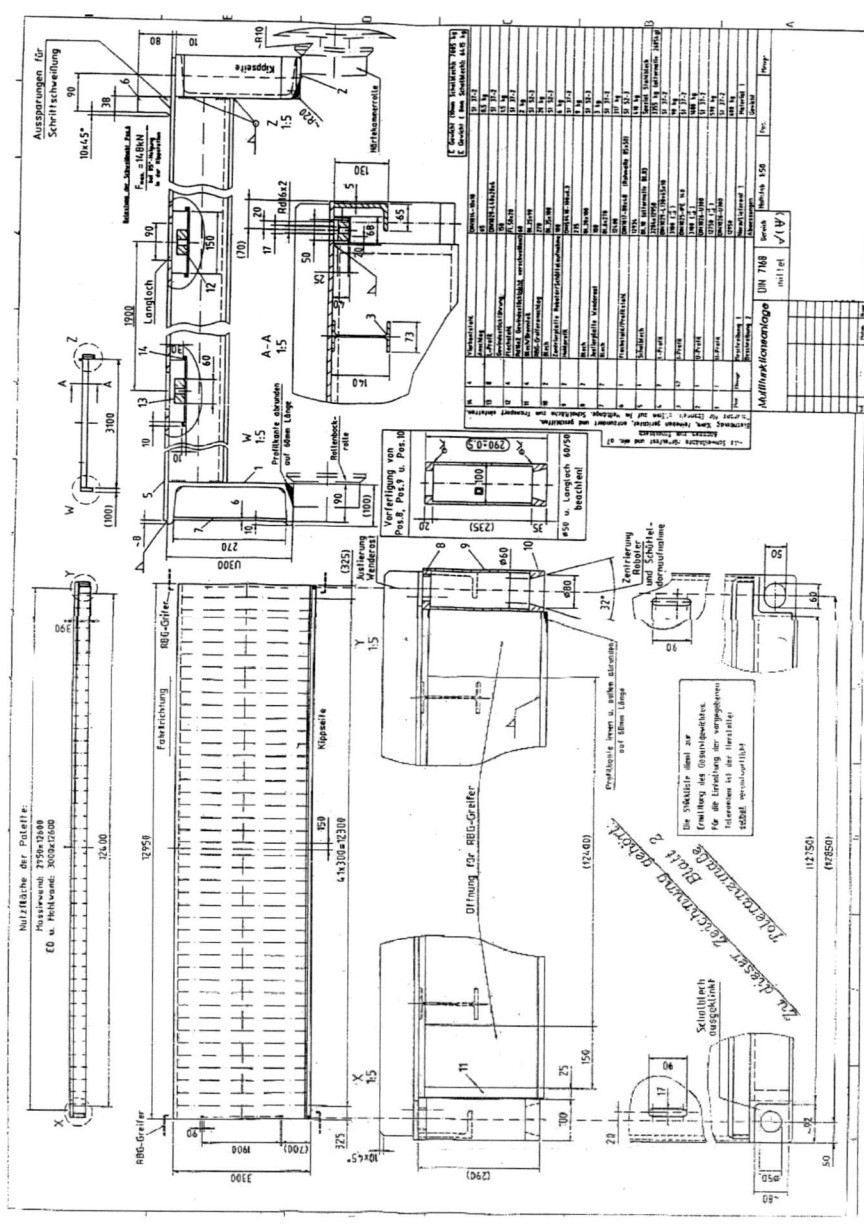

Abb. 4.61 Schalpalette

Schadensfall

Zur Verdichtung des Betons wurde die Schalpalette auf einer Rüttelplatte starker dynamischer Belastung ausgesetzt.

Infolgedessen traten in der Deckplatte 12950 × 3300 mm² vermehrt Risse auf.

Als Ursache wurde die Kerbwirkung durch den Dickensprung zwischen der Deckplatte und den zur Steifigkeitserhöhung untergeschweißten Doppel-T- Profilen IPE 140 – DIN EN 10365 mit $W_x = 81,3$ cm³ herausgearbeitet.

Lösungsvorschlag

Steifigkeitserhöhung der Schalpalette durch untergeschweißte U-Profile
   UNP 140 – DIN 1026–1 (c) mit $W_x = 93,1$ cm³

Das Kühlwasserrohr [20] in Abb. 4.62 verteilt Kühlwasser über zwei Gewindestutzen 3.

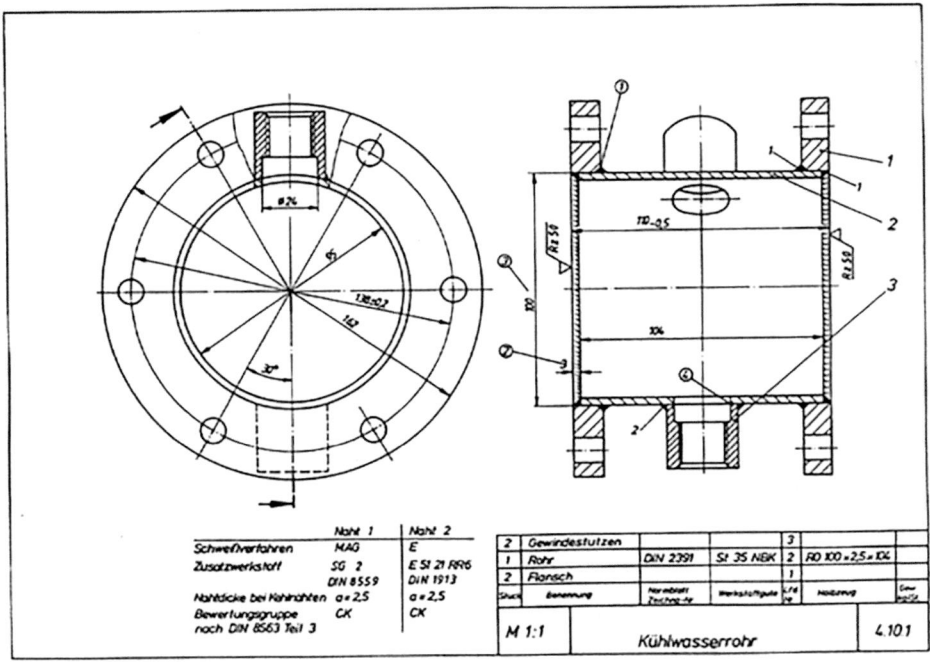

Abb. 4.62 Kühlwasserrohr

Analyse der Gestaltung

- **Schweißgerechte Gestaltung der Schweißgruppe**
  - Art und Anordnung der Schweißnähte:
    ① Bei den HY-Nähten mit Kehlnähten 1 sind die Nahtwurzelpunkte nicht erfassbar.
  - Vermeiden von Werkstoffdopplungen:
    ④ Gefahr von Spaltkorrosion zwischen Rohr 2 und Gewindestutzen 3, da die Kehl-
    nähte 2 nicht durchgeschweißt sind
- **Ausführbarkeit der Schweißnähte**
  ② Der Randabstand der äußeren Kehlnähte 1 (3 mm) ist zu klein.
  Bereits deren Schenkellänge ist größer: $z = a \sqrt{2} = 3{,}54$ mm.
- **Fertigungsgerechte Ausführung der einzelnen Teile**
  ③ Der Bohrungsdurchmesser am Flansch 1 kann abweichen, da er nur mit Allgemein-
  toleranz toleriert ist (z. B. $100 \pm 0{,}3$ mm).
  Zudem wurde die Toleranz des Rohres 2 ($\pm 0{,}45$ mm) nicht beachtet.

Viele Rohre können nicht in die Flansche gesteckt werden, weil kein Spiel vorgegeben ist, sondern eine Übergangspassung vorliegt (Höchstspiel $+0{,}75$ mm, Höchstübermaß $-0{,}75$ mm).

Vorstehende Mängel sind beim Kühlwasserrohr [20] in Abb. 4.63 behoben.

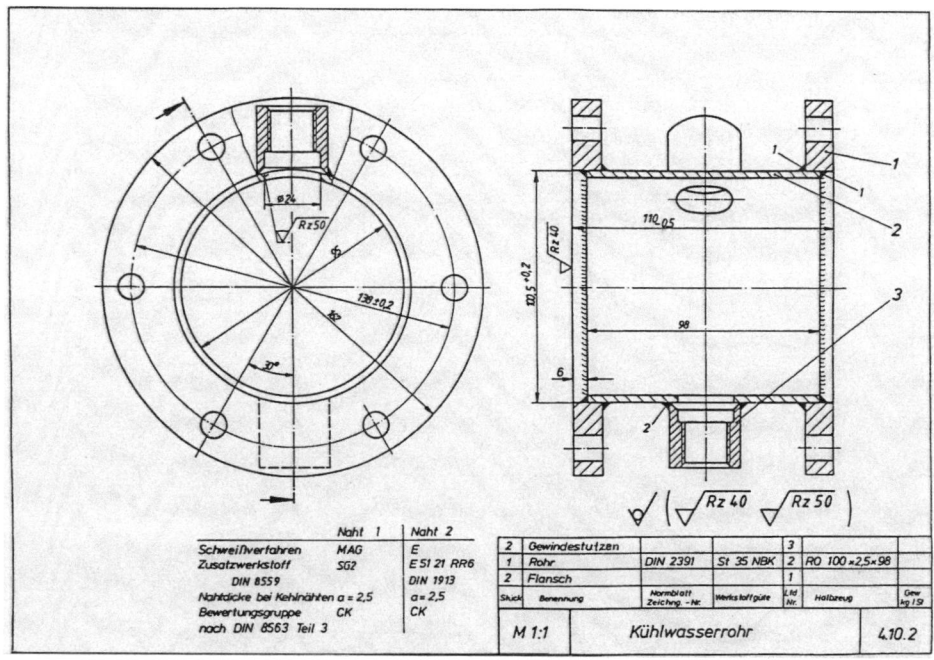

Abb. 4.63 Kühlwasserrohr – verbessert

Konstruktionsänderungen
- Die HY-Nähte mit Kehlnähten sind durch Kehlnähte 1 ersetzt worden.
- Die Gewindestutzen 3 sind innen angefast worden, womit Durchschweißen von außen gewährleistet ist.
- Der Randabstand der äußeren Kehlnähte 1 wurde auf 6 mm erhöht.
- Der Bohrungsdurchmesser des Flansches 1 wurde mit 100,5 + 0,2 bemaßt und toleriert (unteres Grenzabmaß = 0).
  Damit ergeben sich folgende Spiele mit dem Rohr 2:
  $S_u = 100,5 - 100,45 = 0,05$ mm
  $S_o = 100,7 - 99,55 = 1,15$ mm

Abschließend zum **spangerechten Gestalten** [8].

- **Bearbeitungsziel und Notwendigkeit des Spanens**
  - Halbzeug → Fertigteil zuschneiden.
  - Kleine Formelemente in Halbzeuge und Urformteile einbringen (Bohrungen, Nuten).
  - Sicherung der Funktionalität eines Bauteils (hohe Maßgenauigkeit und Oberflächengüte).
  - Bearbeitungsmöglichkeit harter und gehärteter Werkstoffe.
- **Voraussetzung**
  - Zerspanbarkeit des Werkstoffs = Eigenschaft des Werkstoffs, einer spanenden Bearbeitung Widerstand entgegenzusetzen und das Ergebnis qualitativ zu beeinflussen.
- **Zerspanbarkeit ist gut, wenn**
  - kurze Bearbeitung durch hohe Schnittgeschwindigkeit eintritt,
  - geringer Energieaufwand/geringe Zerspankraft benötigt werden,
  - geringer Werkzeugverschleiß entsteht,
  - enge Maßtoleranzen und hohe Oberflächengüte erreicht werden,
  - gute Spanbildung und Spanform die Folge sind.

Tab. 4.8 listet die **Art der Zerspanbarkeit** wichtiger Werkstoffgruppen auf.

Tab. 4.8 Zerspanbarkeit von Werkstoffgruppen

leicht (gut) zerspanbar	• **Messing, Bronze, Aluminium** • **Automatenstähle** (S-, P-, Pb-Zusätze) • **Alu- Automatenlegierungen** (Fe-, Mn-, Pb-Zusätze)
normal zerspanbar	• Gusseisen • niedriglegierte Stähle (z. B. 40CrMo4, 30NiCrMo12–6)
sehr schwer zerspanbar	• hochlegierte Cr-Ni-Stähle (X-Stähle, z. B. X5CrNi18–10) • nichtrostende austenitische Stähle (z. B. X10CrNi18.8) • verschleißfester Mn-Hartstahl (Eisen- und Straßenbahnschienen, z. B. X120Mn12, R260V)

Wesentliche **Regeln des spangerechten Gestaltens** [8].

- **Funktion sichern**
  Keine Überbestimmungen vorsehen!
- **Spanen minimieren**
  Nur funktionsbedingtes Spanen verlangen!
  Integralbauweise durch Differentialbauweise ersetzen!
- **Spannbarkeit sichern**
  Geeignete Spannflächen vorsehen!
  Vollständige Bearbeitung in einer Aufspannung anstreben!
  Mehrfachspannung anstreben!
- **Werkzeugeinsatz beachten**
  Herstellbare Formen beachten!
  Verfügbare Werkzeuge und Werkzeugmaschinen beachten!
  Werkzeugzugänglichkeit sichern!
  Werkzeuganschnitt beachten!
  Werkzeugauslauf beachten!

Beim Ventilkörper des **Hochdruckventils** in Abb. 4.64 sollen einige der bisher behandelten Gestaltungsregeln angewendet werden.

Abb. 4.64   Hochdruckventil

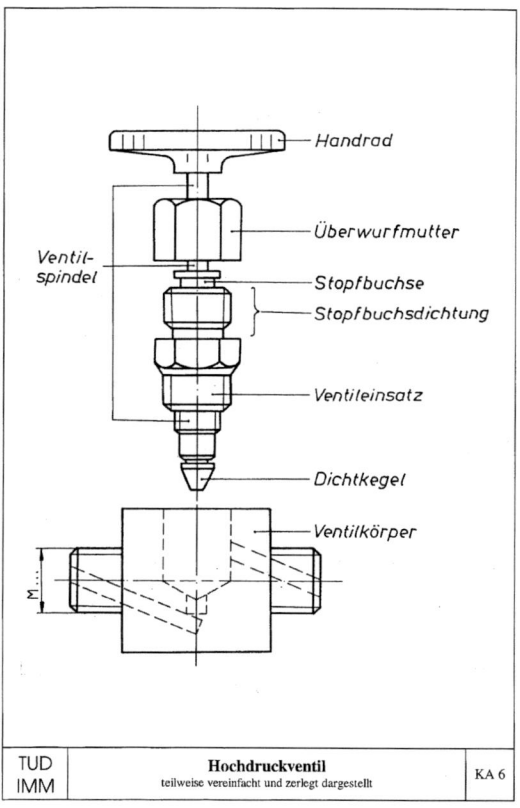

Baustruktur
- Dichtkegel: Abdichten des Fluidflusses im Ventilkörper
- Stopfbuchsdichtung: Abdichten gegen Fluidaustritt zwischen Ventilspindel und Ventil-einsatz
- Überwurfmutter: Verdichten der Stopfbuchspackung (nicht dargestellt) mittels Stopf-buchse

Analyse der Gestaltung des Ventilkörpers
- **Funktionsgerechtes Gestalten**
  - Formgerechtes Gestalten:
    Der Durchfluss des Fluids zwischen den Anschlüssen ist nicht gewährleistet, da sich die schräge Bohrung der Druckleitung und die senkrechte Bohrung nicht durchdringen.
    Auch sind keine zum Ventileinsatz und zum Dichtkegel der Ventilspindel passenden Dichtkegel im Ventilkörper vorhanden.
- Verschleißgerechtes Gestalten:
  Im Gegensatz zum Absperrventil (Abb. 4.39) wird beim Betätigen des Handrads die Ventilspindel gedreht, wodurch es zu Reibung zwischen dem Dichtkegel der Ventilspindel und dem (notwendigen) Dichtkegel des Ventilkörpers kommt. Die Folge ist Verschleiß des Dichtkegels der Ventilspindel.
- Verbindungsgerechtes Gestalten:
  Die Verbindung zwischen Ventileinsatz und Ventilkörper ist nicht gegeben, da im Ventilkörper kein entsprechendes Gewinde vorhanden ist.

- **Fertigungsgerechtes Gestalten**
  - Normgerechtes Gestalten:
    Bei den Anschlussgewinden sind keine Gewindefreistiche oder -ausläufe angegeben.
  - Trenngerechtes Gestalten:
    Zum Bohren der schrägen Bohrungen für Zu- und Abfluss sind keine rechtwinkligen Werkzeuganschnittflächen vorgesehen.

Abb. 4.65 zeigt einen funktions- und fertigungsgerecht gestalteten Ventilkörper.

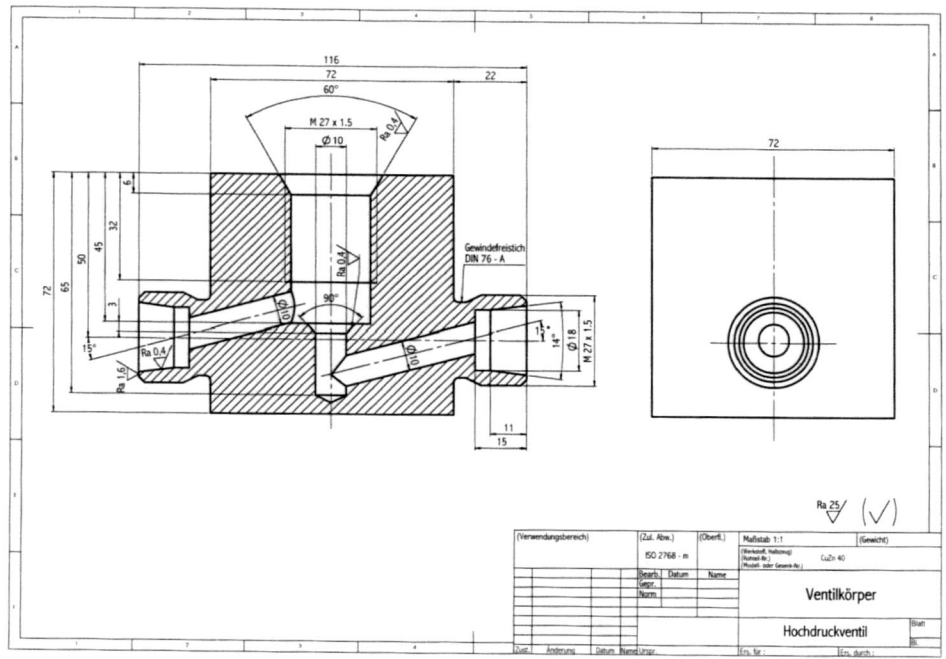

Abb. 4.65 Hochdruckventil – Ventilkörper

Beim im Abschn. 3.2 behandelten Entwurf eines Robotergreifers (Abb. 3.18) war darauf verwiesen worden, dass seine Bauteile offensichtlich nicht fertigungsgerecht ausgeführt sind.

Als Beispiel soll der Finger betrachtet werden (Abb. 4.66).

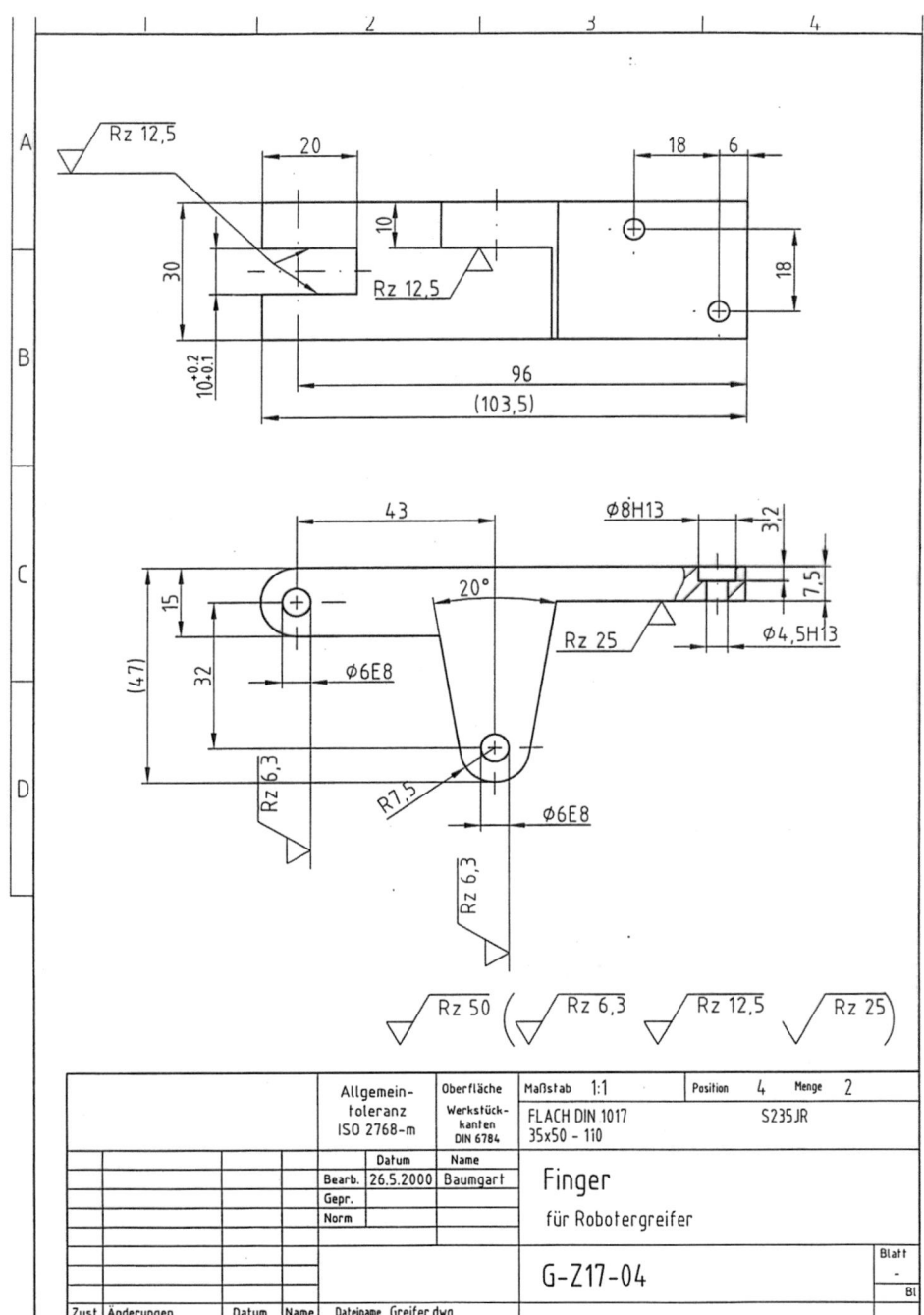

Abb. 4.66 Robotergreifer – Finger (Entwurf)

Diskussion

Die Integralbauweise dieses Bauteils erfodert großes Zerspanvolumen und sollte durch Differentialbauweise ersetzt werden.

Abb. 4.67 zeigt zwei Gestaltungsmöglichkeiten.

Abb. 4.67 Robotergreifer –
Finger (fertigungsgerecht)

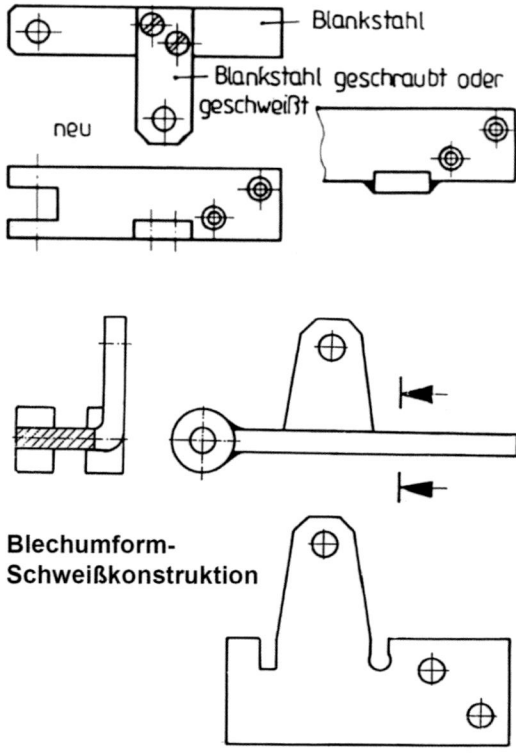

4.6   Fertigung

Die Produktion umfasst alle Aktivitäten, die erforderlich sind, um Produkte herzustellen und an den Kunden zu verteilen.

Dazu gehören
- Fertigungsplanung (alle Vorgänge zur Gestaltung zukünftiger Prozesse, Abläufe und Tätigkeiten in der Herstellung)
- Materialbeschaffung (Bedarfsermittlung bis zur Abwicklung)
- Teilefertigung mittels
  - Urformen, z. B. Gussteile, Spritzgussteile
  - Umformen, z. B. Profile
  - Trennen, z. B. Drehteile, Frästeile

- Fügen, z. B. Schweißteile
- Beschichten, z. B. Verzinken
• Montage, z. B. mittels Pressen, Schrauben, Verstiften
• Endkontrolle (Sicherstellung der Produktqualität gemäß den vorab definierten Vorgaben).
• Vertrieb (Anbahnung bis Vertragserfüllung beim Kunden)

Anschließend erfolgt der Einsatz des Produktes beim Kunden.

Fertigung bezieht sich speziell auf den Teil des Produktionsprozesses, der mit der Umwandlung von Rohstoffen oder Komponenten in fertige Produkte verbunden ist. Sie betrifft die technischen Aspekte der Produktion, also die Maschinen, Werkzeuge und Arbeitsabläufe, die erforderlich sind, um ein Produkt herzustellen.

In der Regel ist die Produktion eine Kombination aus manueller Arbeit und maschineller Verarbeitung.

Als Beispiel für eine **Teilefertigung** mittels Trennen wird nachstehend die Herstellung eines Drehteils (Welle in Abb. 4.68) behandelt.

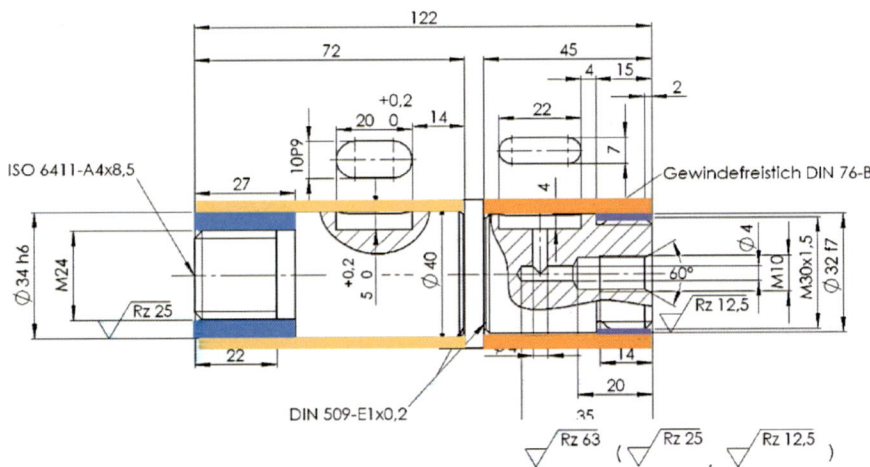

Abb. 4.68   Welle

Fertigungsablauf

• ▮ Vom Rohling ⌀ 40 Absatz l = 45 mm auf ⌀ 32 f7 längsdrehen.
• ▮ Von ⌀ 32 f7 Absatz l = 15 mm auf ⌀ 30 längsdrehen.
• Gewindefreistich DIN 76-B profildrehen.
• Fase für Gewinde M 30 × 1,5 drehen.
• Gewinde M 30 × 1,5 längsdrehen.
• Axialbohrung ⌀ 4 bohren.
• Kernlochdurchmesser ⌀ 8,5 für M 10 bohren.

- Gewinde M 10 bohren.
- Senkung 60° für Zentrierbohrung DIN 332 senken.
- Welle umspannen.
- 　 Vom Rohling ⌀ 40 Absatz l = 72 mm auf ⌀ 34 h 6 längsdrehen.
- 　 Von ⌀ 34 h6 Absatz l = 27 mm auf ⌀ 24 längsdrehen.
- Fase für Gewinde M 24 drehen.
- Gewinde M 24 auf Länge l = 22 mm längsdrehen.
- Zentrierbohrung ISO 6411-A4×8,5 fertigen.
- Welle auf Fräsmaschine spannen.
- Nuten 20×10×5 und 22×7×4 fräsen.
- Querbohrung ⌀ 4 bohren.
- Die jeweils geforderten Toleranzen und Oberflächenrauheiten sind zu beachten, ggf. ist auch Schleifen erforderlich (evtl. bei Rz 12,5).

Entsprechend diesem Fertigungsablauf wurde die Längsbemaßung der Welle fertigungsgerecht vorgenommen.

DIN 406-10: Die fertigungsbezogene Maßeintragung liegt vor, wenn die für die Fertigung unmittelbar benötigten Maße aus den Maßen der funktionsbezogenen Maßeintragung berechnet, in die Zeichnung eingetragen und in Abhängigkeit von der funktionsbezogenen Maßeintragung fertigungsgerecht toleriert werden. Die fertigungsbezogene Maßeintragung hängt von den jeweiligen Fertigungsverfahren ab.

Regel: Bemaßung von Bezugsflächen aufbauen, bei Drehteilen von den Stirnseiten.

Funktionsforderungen liegen beim Beispiel nicht vor.

Als Beispiel für den **Einsatz eines Produktes** beim Kunden war im Rahmen eines vom Verfasser initiierten und betreuten studentischen Konstruktionsbeleges [21] eine Spannvorrichtung zu konstruieren, mit deren Hilfe alle Bohrungen eines Werkstücks (Lagerbock) mit gleichem Durchmesser zu fertigen sind, ohne das Werkstück umzuspannen. Die bei der Fertigung auftretenden Kräfte sollten durch die Konstruktion aufgenommen und weitergeleitet werden.

In Abb. 4.69 sind das vorgegebene Bauteil und die Bohrvorrichtung abgebildet.

Bauteil   Bohrvorrichtung

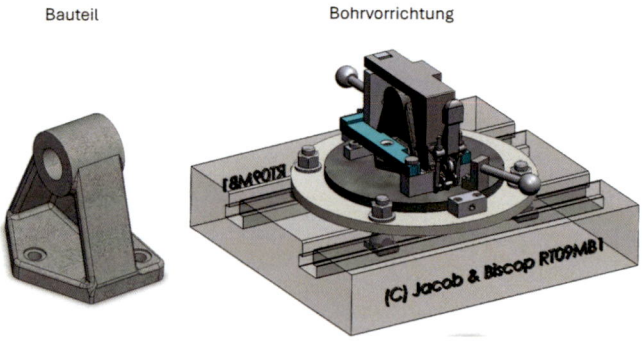

Abb. 4.69   Bohrvorrichtung und Bauteil

Abb. 4.70 zeigt die Betriebszustände beim Einsatz der Vorrichtung.

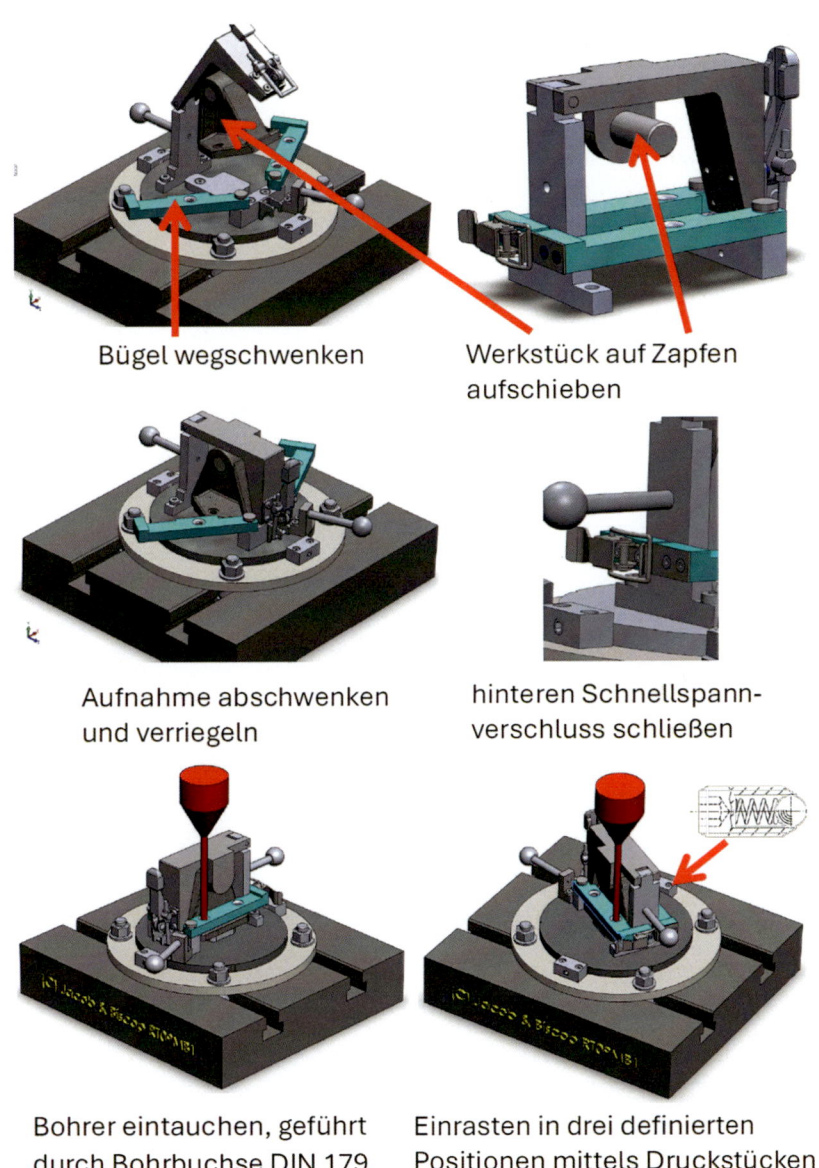

Bügel wegschwenken · Werkstück auf Zapfen aufschieben

Aufnahme abschwenken und verriegeln · hinteren Schnellspann-verschluss schließen

Bohrer eintauchen, geführt durch Bohrbuchse DIN 179 · Einrasten in drei definierten Positionen mittels Druckstücken

Abb. 4.70 Bohrvorrichtung – Betriebszustände

4.7   Berechnung

Das Gestalten der maßgebenden Module in Phase III beim Entwickeln und Konstruieren gemäß VDI 2221 [29] (Abb. 2.13) geht von einem Grobentwurf aus, der aufgabenbezogen zu dimensionieren und im Detail zu gestalten ist (u. a. festigkeits- und beanspruchungsgerecht).

Die Dimensionierung eines Bauteils betrifft unter Berücksichtigung geltender Normen sowohl die formgerechte Ausführung (um mit anderen Bauteilen zusammenwirken zu können) als auch die beanspruchungsgerechte Querschnittsfestlegung nach entsprechender Festigkeitsberechnung.

Das Vorgehen bei der beanspruchungsgerechten Querschnittsfestlegung eines Bauteils einschließlich der für die Teilkomplexe zuständigen Fachgebiete zeigt Abb. 4.71 [22].

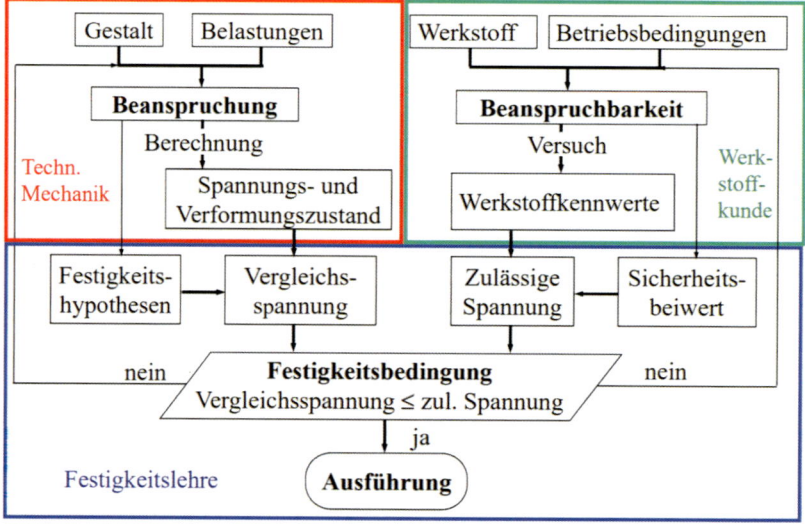

Abb. 4.71 Bauteilauslegung

Ziel des Teilgebiets „Statik" der Technischen Mechanik ist die Ermittlung der im Bauteil wirkenden Kräfte und Momente.

Das übliche Vorgehen zeigt folgendes Berechnungsbeispiel.

Aufgabe: Biegeträger, gelenkig in A und B gelagert mit mittig angreifender Einzellast F

Modell:

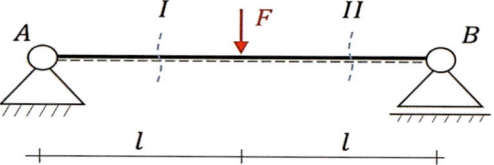

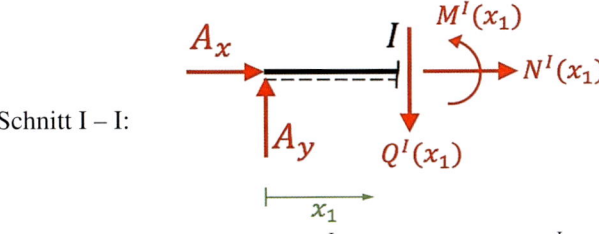

Schnitt I – I:

Schnittgrößen:
$$\sum X = 0 : N^I(x_1) + A_x = 0 \rightarrow N^I(x_1) = -A_x = 0$$
$$\sum M^{(I)} = 0 : A_y \times x_1 - M^I(x_1) = 0 \rightarrow M^I(x_1) = A_y \times x_1$$
$$\sum Y = 0 : A_y - Q^I(x_1) = 0 \rightarrow Q^I(x_1) = A_y = \frac{F}{2}$$

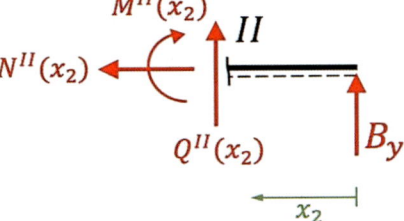

Schnitt II – II:

Schnittgrößen:
$$\sum X = 0 : N^{II}(x_2) = 0$$
$$\sum Y = 0 : B_y + Q^{II}(x_2) = 0 \rightarrow Q^{II}(x_2) = -B_y = -\frac{F}{2}$$
$$\sum M^{(II)} = 0 : -B_y \times x_2 + M^{II}(x_2) = 0 \rightarrow M^{II}(x_2) = B_y \times x_2$$

Schnittgrößenverlauf:

Längskraft
Querkraft
Moment

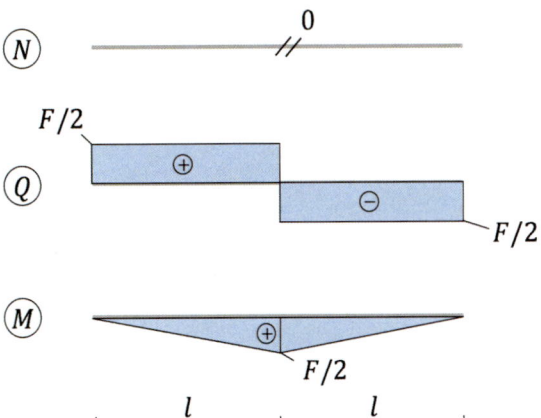

Mit der gewählten Gestalt (Querschnittsprofil) und einem Werkstoff mit dessen Kennwerten kann schließlich der Festigkeitsnachweis geführt werden.

Mit folgendem Berechnungsbeispiel wird ein davon abweichendes Vorgehen empfohlen, bei dem primär vom Schnittgrößenverlauf ausgegangen wird und erst danach die Reaktionskräfte und -momente quantitativ ermittelt werden [23].

Aufgabe: **Halterung** (Abb. 4.72).

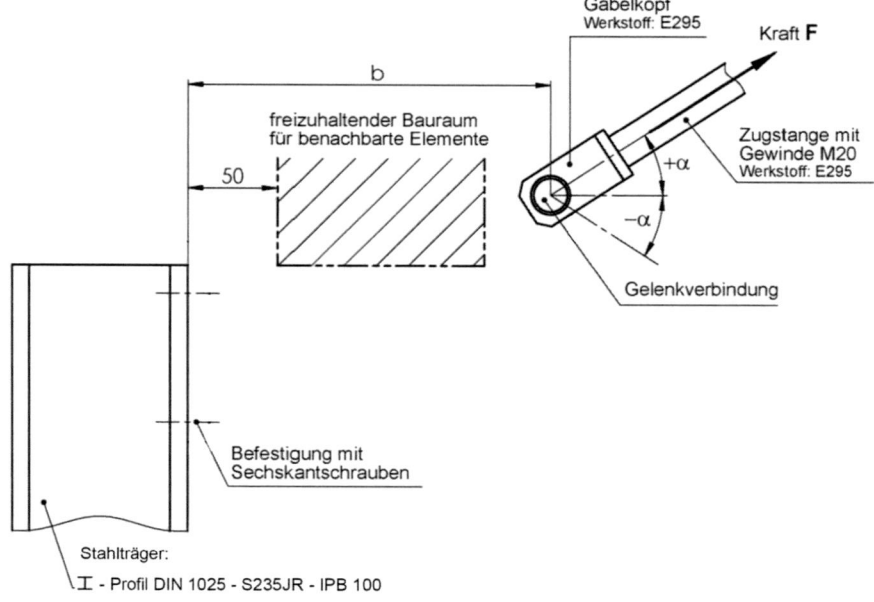

Abb. 4.72 Halterung

Gesucht

1. Es ist eine Halterung zu konstruieren, die die Zugstange mit dem Stahlträger verbindet.
2. Schwerpunkt ist die beanspruchungsgerechte Gestaltung, als Werkstoff ist EN-GJL-150 vorzusehen.
3. Gelenk- und Profilabmessungen sind entsprechend der in Tab. 4.9 gegebenen Daten auszulegen.

Tab. 4.9 Halterung – Daten

F [N]	α [°]	b [mm]
1600	+10	150
1700	+20	175
1800	+30	200
1900	+40	
	+50	
	−10	
	−20	

Vorgehen

- Im Gegensatz zum Beispiel Biegeträger werden hier zunächst die möglichen Schnitt-kraftverläufe diskutiert.
- Als Modell wird ein links am Stahlträger mittels Schraubverbindung eingespannter Kragträger mit einer rechts unter dem Winkel $\alpha > 0$ oder $\alpha < 0$ angreifenden Kraft F zugrunde gelegt.
- Wegen des freizuhaltenden Freiraums für benachbarte Elemente wird das gesuchte Bauteil als abgewinkelter Träger ausgebildet.
- Für den Grobentwurf werden zunächst die Längs- und Querkräfte vernachlässigt und ggf. erst bei der Detailgestaltung berücksichtigt.

Demzufolge werden nunmehr die **möglichen Biegemomentenverläufe** diskutiert (Abb. 4.73).

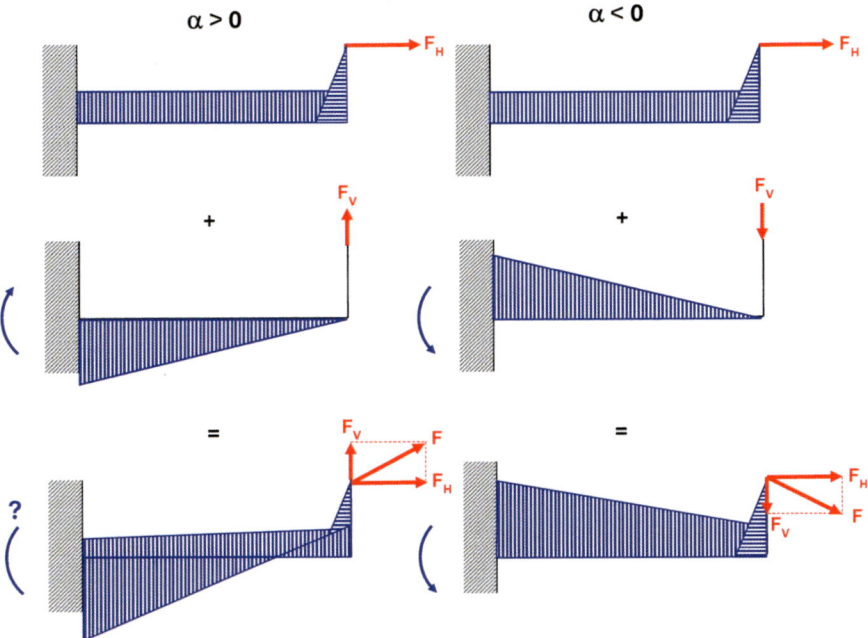

Abb. 4.73 Halterung – mögliche Biegemomentenverläufe

Diskussion

- Zunächst werden die separaten Momentenverläufe infolge der horizontalen und vertikalen Kraftkomponenten F_H und F_V, jeweils für die Angriffswinkel $\alpha > 0$ und $\alpha < 0$, ermittelt.
- Nach deren Addition erhält man die Momentenverläufe infolge der resultierenden Kraft F.
- Die nach rechts gerichtete Horizontalkraftkomponente F_H bewirkt generell ein linksdrehendes Einspannmoment.
- Die Vertikalkraftkomponente F_V bewirkt beim Angriffswinkel $\alpha > 0$ ebenfalls ein linksdrehendes Einspannmoment, bei $\alpha < 0$ aber ein rechtsdrehendes.
- Somit liegt bei $\alpha < 0$ ein eindeutiger Fall vor – die resultierende Kraft F bewirkt ein linksdrehendes Einspannmoment mit Zugbeanspruchung am oberen bzw. linken Rand des gesuchten Bauteils.
- Bei $\alpha > 0$ können zwei unterschiedliche Überlagerungen entstehen.

Je nach den quantitativen Werten der separaten Momente ist das Einspannmoment links- oder rechtsdrehend und die Zugbeanspruchung beim gesuchten Bauteil am oberen oder unteren Rand, im vertikalen Abschnitt aber weiterhin am linken Rand.

- Bei Gusswerkstoffen mit Lamellengraphit, zu denen EN-GJL-150 gehört, gilt für die Druckfestigkeit nach DIN EN 1561: $\sigma_{dB} = 3{,}4 \cdot R_m$.
- Laut Tab. 4.4 ist bei Gussprofilen wegen der geringeren Zugfestigkeit mehr Material auf der Zugseite anzuordnen:

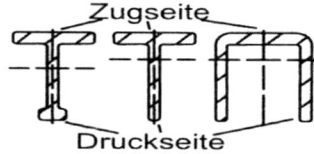

- In Abb. 4.74 sind bei den Momentenverläufen im horizontalen Abschnitt des gesuchten Bauteils dementsprechende Zuordnungen von T-Profilen eingetragen.

Mb-Verlauf	α [°]	F [N]	b [mm]	M_{bli} [Nm]	M_{bre} [Nm]
	- 20	1700	175	246	144
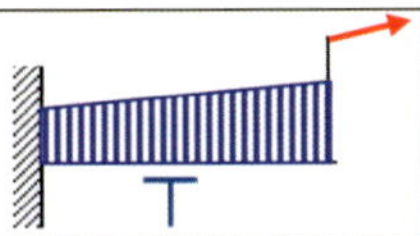	+10	1900	200	121	187
	+30	1700	150	-17	110
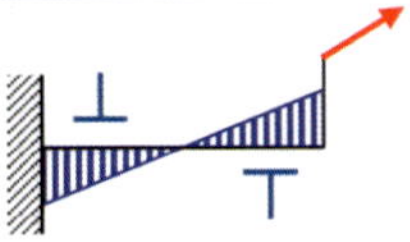	+40	1600	175	-88	92
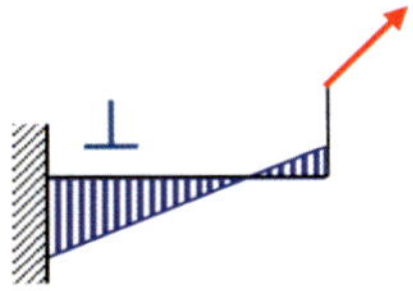	+50	1700	200	-179	82

Abb. 4.74 Halterung – Biegemomentenwerte

- Nunmehr werden die **quantitativen Werte der Biegemomente** sowohl an der linken Einspannstelle M_{bli} als auch am rechten Eckstoß M_{bre} wie folgt ermittelt (Abb. 4.72):

$M_{bli} = F \cdot \sin \alpha \cdot y - F \cdot \cos \alpha \cdot b$

$M_{bre} = F \cdot \cos \alpha \cdot y$

y = vertikaler Abstand zwischen Gelenk und Befestigung, der zusätzlich zu wählen ist, z. B. y = 90 mm bei $\alpha = -20°$; y = 75 mm bei $\alpha = +30°$.

Festigkeitsnachweis

Zulässige Spannungen

$$\sigma_{z,zul} = \frac{R_m}{s} = \frac{150}{3} = 50 \ N/mm^2$$

$$\sigma_{d,zul} = \frac{\sigma_{dB}}{S} = \frac{3{,}4 \cdot 150}{3} = \frac{510}{3} = 170 \ N/mm^2$$

Max. Biegemoment gewählt $M_{b,max} = 246 \ Nm$

- Profilauswahl

$$W_{b,erf} = \frac{M_{b,max}}{\sigma_{z,zul}} = \frac{246000}{50} = 4{,}92 \text{ cm}^3$$

- Profil gewählt (s. Abb. 4.72)
  T-Profil 40 × 40 × 6 mit folgenden Querschnittswerten [24]:
  Schwerpunktabstände

$$e_1 = \frac{1}{2} \frac{a \cdot H^2 + b \cdot d^2}{a \cdot H + b \cdot d} = \frac{1}{2} \frac{6 \cdot 40^2 + 34 \cdot 6^2}{6 \cdot 40 + 34 \cdot 6} = 12{,}19 \text{ mm}$$

$$e_2 = H - e_1 = 40 - 12{,}19 = 27{,}81 \text{ mm}$$

Flächenträgheitsmoment

$$I_x = \frac{1}{3} \cdot (B \cdot e_1^3 - b \cdot h^3 + a \cdot e_2^3) = 6{,}448 \text{ cm}^4$$

Widerstandsmomente

$$W_{b1} = \frac{I_x}{e_1} = \frac{6{,}448}{1{,}219} = 5{,}29 \text{ cm}^3$$

$$W_{b2} = \frac{I_x}{e_2} = \frac{6{,}448}{2{,}781} = 2{,}32 \text{ cm}^3$$

- Festigkeitsbedingungen

$$\sigma_{b1} = \frac{M_b}{W_{b1}} = \frac{246000}{5290} = 46{,}5 \text{ N/mm}^2 < \sigma_{z,zul} = 50 \text{ N/mm}^2$$

$$\sigma_{b2} = \frac{M_b}{W_{b2}} = \frac{246000}{2320} = 106 \text{ N/mm}^2 < \sigma_{d,zul} = 170 \text{ N/mm}^2$$

Min. Biegemoment gewählt $M_{b,min} = 144$ Nm

- Profil gewählt (s. Abb. 4.72)
  T-Profil 40 × 16 × 6 mit folgenden Querschnittswerten [17]
  Schwerpunktabstände

$$e_1 = \frac{1}{2} \cdot \frac{aH^2 + bd^2}{aH + bd} = \frac{1}{2} \cdot \frac{6 \cdot 16^2 + 34 \cdot 6^2}{6 \cdot 16 + 34 \cdot 6} = 4{,}6 \text{ mm}$$

$$e_2 = H - e_1 = 16 - 4{,}6 = 11{,}4 \text{ mm}$$

Flächenträgheitsmoment

$$I_n = \frac{1}{3} \cdot \left(B \cdot e_1^3 - b \cdot h^3 + a \cdot e_2^3 \right) = 3{,}536 \text{ cm}^4$$

Widerstandsmomente

$$W_{b1} = \frac{I_x}{e_1} = \frac{3{,}536}{0{,}46} = 7{,}687 \text{ cm}^3$$

$$W_{b2} = \frac{I_x}{e_2} = \frac{3{,}536}{1{,}14} = 3{,}102 \text{ cm}^3$$

- Festigkeitsbedingungen

$$\sigma_{b1} = \frac{M_b}{W_{b1}} = \frac{144000}{7687} = 18{,}7 \text{ N/mm}^2 < \sigma_{z,zul} = 50 \text{ N/mm}^2$$

$$\sigma_{b2} = \frac{M_b}{W_{b2}} = \frac{144000}{3102} = 46{,}4 \text{N/mm}^2 < \sigma_{d,zul} = 170 \text{ N/mm}^2$$

Fazit

Das gewählte Profil an der Einspannstelle erfüllt die Festigkeitsbedingungen, das Profil am Eckstoß ist überdimensioniert.

Gelenkabmessungen

Flächenpressung:

$$p = \frac{F}{A} = \frac{F}{d\,B} \le p_{zul}$$

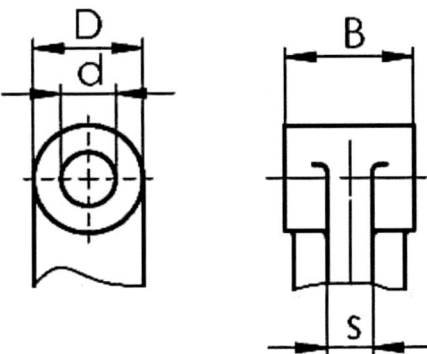

Entwurf:

d oder B wählen:

$$d = \frac{F}{B\,p_{zul}} \text{ oder } B = \frac{F}{d\,p_{zul}}$$

Gewählt:

   $F = 1700 \text{ N}; B = 40 \text{ mm}$

Tab. 4.10 Zulässige Beanspruchungen für Stift- und Bolzenverbindungen

Bauteil-Werkstoff	Lastfall	Presssitz glatter Stifte			Sitz mit gekerbtem Teil			Gleitsitz glatter Bolzen		
		p	σ_b	τ_a	p	σ_b	τ_a	p	σ_b	τ_a
S 235	ruhend	98	190	80	69	160	65	30	200	80
S 355		104			73			30		
GS		83			58			30		
GJL		68			48			40		
CuSn, CuZn		40			28			40		
AlCuMg		65			46			20		
AlSi		45			32			20		
S 235	schwellend	72	145	60	52	120	50	24	140	60
S 355		76			55			24		
GS		62			43			24		
GJL		52			36			32		
CuSn, CuZn		29			21			32		
AlCuMg		47			35			16		
AlSi		33			24			16		
S 235	wechselnd	36	75	30	26	60	25	12	70	30
S 355		38			28			12		
GS		31			21			12		
GJL		26			18			16		
CuSn, CuZn		14			10			16		
AlCuMg		23			17			8		
AlSi		16			12			8		

   $p_{zul} = 32 \text{ N/mm}^2$ (GJL, schwellend, Gleitsitz glatter Bolzen) nach Tab. 4.10, [30].

$$d = \frac{F}{B \cdot p_{zul}} = \frac{1700}{40 \cdot 32} = 1{,}33 \text{ mm}$$

Beim Gestaltungsbeispiel (Abb. 4.75) wurde aus konstruktiven Gründen der Bohrungsdurchmesser d der Gelenkverbindung mit 16 mm festgelegt.

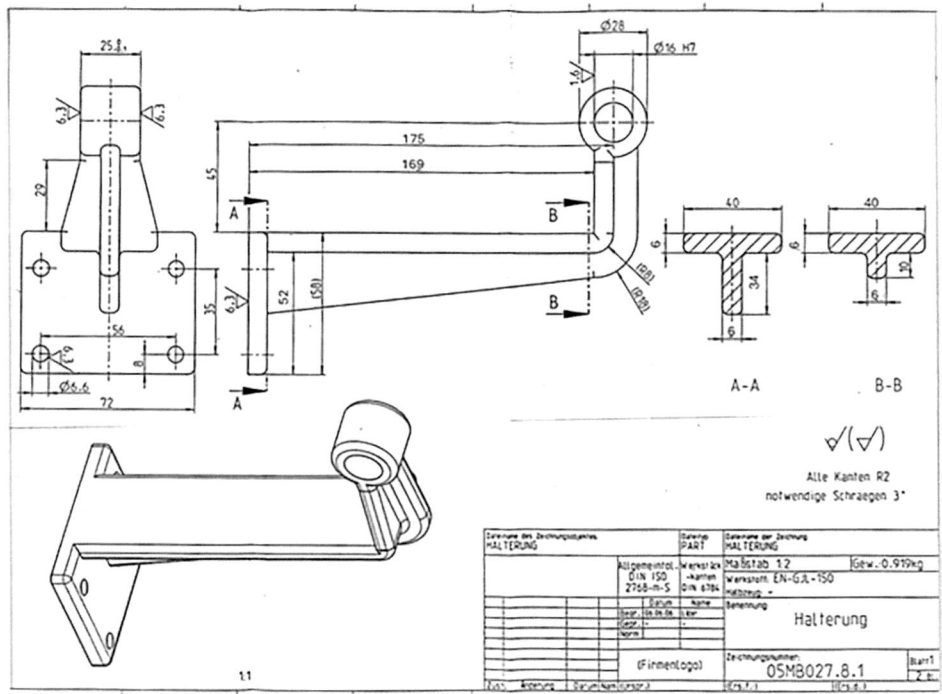

Abb. 4.75 Halterung – Gestaltungsbeispiel

Gestaltung der Halterung
Eine beispielhafte beanspruchungsgerechte Ausführung des Gussbauteils zeigt Abb. 4.75.

Erläuterungen
- Beim Beispiel wurde die Variante $M_{bli} = 246$ Nm und $M_{bre} = 144$ Nm zugrunde gelegt.
- Da beim Widerstandsmoment die Trägerhöhe quadratisch eingeht, die Trägerbreite nur linear, wurde die Höhe des horizontalen Trägers diesem Momentenverlauf angepasst, die Trägerbreite beibehalten, was auch fertigungstechnisch sinnvoll ist.
- Die Trägerhöhe am Eckstoß ist trotz Überdimensionierung kaum kleiner ausführbar.
- Beim vertikalen Trägerteil wurde die Momentenanpassung (von 144 Nm am Eckstoß auf 0 Nm im Gelenkpunkt) wegen der geringen Profilhöhe nicht realisiert.

Literatur

1. Grabowski, H.; Kunze, H.; El Mejbri, El-Fathi: Semantische Interpretation von Baugruppenzeichnungen. 11. Symposium "DESIGN FOR X". Schnaittach 12. und 13.10. (2000)
2. Metz, H.: tec.Lehrerfreund (2024)

3. Trippner, D.; Endres, M.; Scheder, H.: Wird die technische Zeichnung überflüssig? Konstruktion S. 37 – 41 (1991)

4. mein-autolexikon – Verbrennungsmotor. AAMPACT e. V. Menden (2025)

5. Über Kolben und Kolbenringe. YOUTUBE – CRAFTWERK Berlin (2025)

6. Lkw-Querträger in Composite-Metall-Hybridbauweise. ENGINEERING CENTER STEYR (2025)

7. FAG Technische Information Nr. WL 43–1190 D März (1999)

8. Platz, B.: Fertigungsgerechtes Gestalten. Vorlesung Dresden International University

9. Niemann, G.; Winter, H.; Höhn, R.; Stahl, K.: Maschinenelemente. Springer 5. Aufl. (2019)

10. von Kármán, T. und Edson, L.: The wind and beyond. Little, Brown and Company Boston 1. Ausg. (1967)

11. Goff, M.: 1950 Tacoma Narrows Bridge. Oregon Department of Transportation (2025)

12. Hoenow, G. und Meißner, T.: Konstruktionspraxis im Maschinenbau. Hanser 5. Aufl. (2017)

13. Weck, M.: Werkzeugmaschinen, Fertigungssysteme 2. Springer 9. Aufl. (2017)

14. Müller, S.: FEM-Untersuchungen an geschweißten Konstruktionselementen. Großer Beleg Technische Universität Dresden (1996)

15. Hasse, S.: Giesserei Lexikon. Schiele & Schön 19. Aufl. (2008)

16. Bode, E.: Konstruktionsatlas. Vieweg + Teubner 6. Aufl. (1996)

17. Hönisch, G. unter Mitarbeit von Platz, B.: Konstruktionskritische Analyse. Studienbrief Technische Universität Dresden

18. Köhler, P.: Konstruktionslehre 1. Vorlesung Universität Duisburg-Essen. Institut für Produkt Engineering

19. Platz, B.: Schweißgerechtes Gestalten. Vorlesung Technische Universität Dresden

20. Rieberer, A.: Schweißgerechtes Konstruieren im Maschinenbau. DVS-Verlag (1989)

21. Jacob, A. und Biscop, U.: Bohrvorrichtung. Konstruktionsbeleg Staatliche Studienakademie Riesa (2011)

22. Preussler, T.: Bauteilauslegung. Vorlesung Hochschule Trier, FB Umweltplanung/Umwelttechnik – Produktionstechnologie

23. Platz, B.:Konstruktionsentwurf. Lehrveranstaltung Staatliche Studienakademie Riesa

24. Arbeitsheft Konstruktionslehre – Maschinenelemente. Technische Universität Dresden, Institut für Maschinenelemente und Maschinenkonstruktion (2024)

25. Böttcher, P. und Forberg, R.: Technisches Zeichnen. Springer Vieweg 26. Aufl. (2013)

26. Anwendungsbeispiele für Wälzlager. INA-Wälzlager Schaeffler 6. Nachdruck (1991)

27. Platz, B.: Konstruktionslehre. Vorlesung Staatliche Studienakademie Riesa

28. Hoenow, G. und Meißner, T.: Entwerfen und Gestalten im Maschinenbau. Hanser 5. Aufl. (2022)

29. Entwicklung technischer Produkte und Systeme. Richtlinie VDI 2221-01 (2019-11)

30. Decker, K.: Maschinenelemente. Hanser 21. Aufl. (2023)

Fehler und Mängel

5

Inhaltsverzeichnis

5.1 Modulgestaltung

Bei einem Produkt können folgende **Fehler** auftreten:

- **Konstruktionsfehler** (Irrtum beim Entwurf einer Konstruktion, z. B. falsche Vorgaben des Auftraggebers oder falsche Annahmen bzw. Nichtbeachtung des Standes der Technik durch die Konstruktion).
  Sie betreffen eine ganze Produktserie.
  Ergebnis ist eine Fehlkonstruktion.
- **Fabrikationsfehler** (falscher Werkstoff, Abweichung vom Fertigungsplan, unzureichende Qualitätskontrolle).
  Sie betreffen nur einzelne Produkte.
  Ergebnis ist z. B. vorzeitiger Verschleiß.
- **Instruktionsfehler** (mangelhafte Information für die Benutzung, z. B. durch falsche Bedienungshinweise fehlerhaftes Anzugsdrehmoment bei der Schraubenmontage).
  Ergebnis ist z. B. eine Fehlfunktion.

Zur Produktdokumentation kommen in den einzelnen Fachabteilungen der Unternehmensstruktur die in Tab. 5.1 aufgeführten **Beschreibungsmittel** zum Einsatz.

Tab. 5.1 Beschreibung von Maschinenbauerzeugnissen

Abteilung	Entwicklung und Konstruktion		Beschaffung und Fertigung		Vertrieb und Beratung	
Ziel	Entwurf	Dokumentation	Teilefertigung	Montage	Kundenberatung	Katalogisierung
Anforderungen	individuell verschieden	maßtreu, eindeutig übersichtlich	funktions-/ fertigungs-/ prüfgerecht	vollständig eindeutig montagegerecht	anschaulich verständlich repräsentativ	anschaulich eindeutig übersichtlich
Angabe von			Gestalt Maßen Fertigungsangaben	Anordnung der Teile Haupt- und Anschlussmaße		Bestell- und Leistungsdaten Haupt- und Funktionsmaße
Beschreibungsmittel	**Struktur Prinzip Skizzen**	**ETZ, ZBZ Berechnung Funktions-/ Bedienungsbeschreibg**	**Stückliste Einzelteil-zeichnung**	**Zusammenbauzeichnung, Explosionsdarst**	**Funktions-/ Konstruktions-beschrei-bung, 3D-Darstellung**	**Einzelteil-/ Baugruppen-darstellung Fotos**

Speziell zu Einzelteil- und Zusammenbauzeichnungen wurden in den Abschn. „4.1 Funktion des Einzelteils in der Baugruppe" und „3.5 Montieren und Justieren" die jeweiligen Merkmale aufgelistet.

Nachfolgend werden **Konstruktionsfehler und Darstellungsmängel** in ausgewählten Zeichnungen analysiert.

Beispiel Produkt **Klemmschraubstock** in Abb. 5.1.

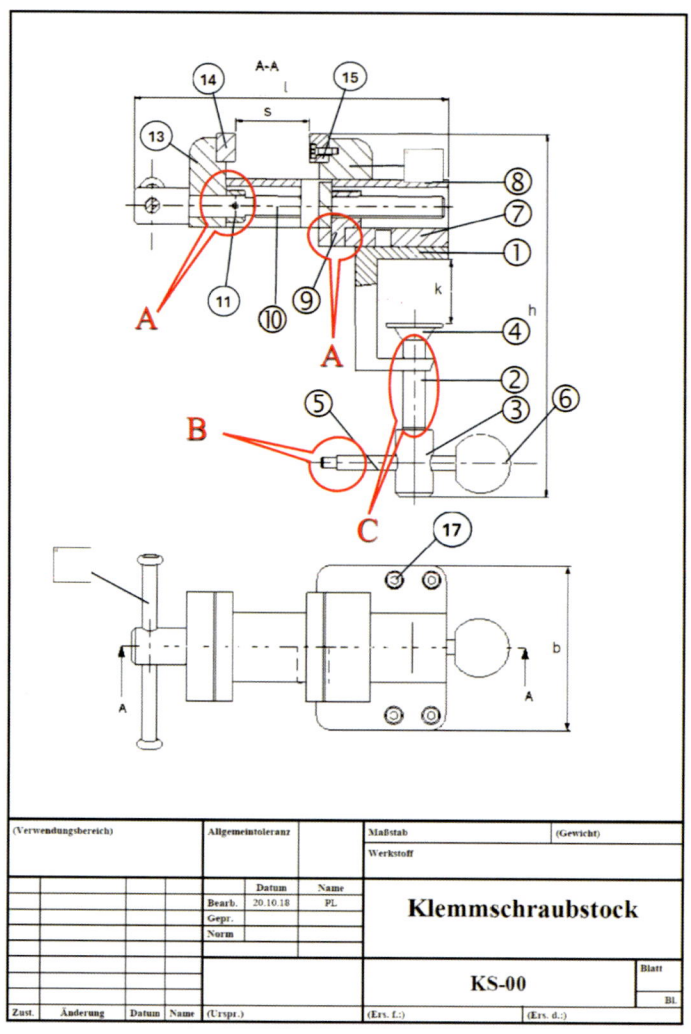

Einzelteile :

1	Bügel	8	Führung	15	Zylinderschraube
2	Andrückspindel	9	Spindelmutter	16	Handgriff
3	Mutter	10	Spindel	17	Zylinderschraube
4	Kugeldruckplatte	11	Anschlagring		
5	Griffstange	12	Backe fest		
6	Kugelknopf	13	Backe lose		
7	Lochplatte	14	Klemmbacke		

Abb. 5.1 Klemmschraubstock

Funktionsbeschreibung

- **Hauptfunktion**
  - Einspannen eines Werkstücks (nicht dargestellt)
- **Sekundärfunktion**
  - Befestigung des Klemmschraubstocks am Werktisch (nicht dargestellt)
- **Nebenbedingungen**
  - Hohe Spannkraft
  - Geringe Betätigungskraft
  - Leicht ortsveränderlich
- **Teilfunktionen**
  - Spannkraft einleiten – weiterleiten – ableiten
  - Befestigung vornehmen
- **Energiefluss**
  - Einspannen: Handgriff 16 – Spindel 10 – Backe lose 13 – Klemmbacke 14 – Werkstück – Klemmbacke 14 – Backe fest 12 – Lochplatte 7 – Spindelmutter 9 – Spindel 10
  - Befestigung: Kugelknopf 6 mit Griffstange 5– Mutter 3 mit Andrückspindel 2 und Kugeldruckplatte 4 – Bügel 1 – Werktisch
- **Baustruktur** (Auswahl)
  - Feste Backe 12 und lose Backe 13; Aufnahme des Werkstücks, Gussteile
  - Spindel 10: Aufbringen der Spannkraft und Einstellen der Spannweite, Drehteil
  - Zylinderschrauben 17: Befestigung der Lochplatte 7 am Bügel 1, Normteile ISO 4762

Konstruktionsmängel

- A: Wie sind die Backe fest 12 an der Lochplatte 7 bzw. die Backe lose 13 an der Führung 8 befestigt?
- B: Warum fehlt am linken Ende der Griffstange 5 der Kugelknopf 6, wodurch keine axiale Sicherung für die Griffstange vorhanden ist?

Darstellungsmängel

- Seitenansicht fehlt, in der die Verbindungen A dargestellt werden könnten!
- C: Gewinde der Andrückspindel 2 ist nicht dargestellt, bei der Spindel 10 oben!
- Symmetrielinien bei den Zylinderschrauben 15 fehlen!

Beispiel Baugruppe **Zweistufiges Stirnradgetriebe** in Abb. 5.2.

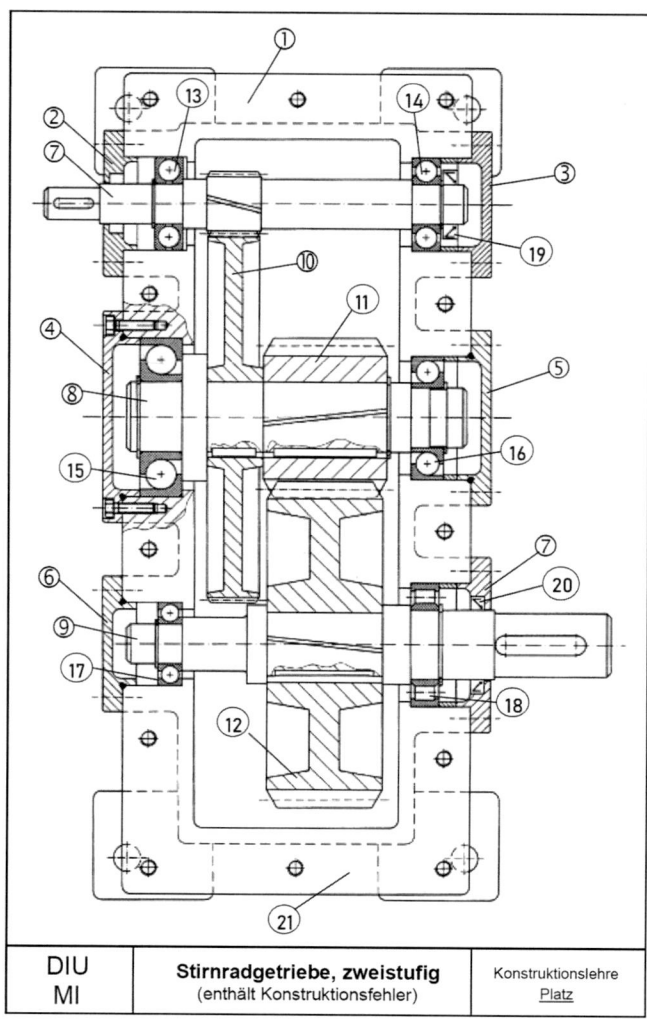

DIU MI	**Stirnradgetriebe, zweistufig** (enthält Konstruktionsfehler)	Konstruktionslehre Platz

Einzelteile :

1	Gehäuse -Unterteil	8	Zwischenwelle	15	Schrägkugellager
2	Deckel Antrieb	9	Abtriebswelle	16	Schrägkugellager
3	Abschlussdeckel	10	Stirnrad	17	Rillenkugellager
4	Abschlussdeckel	11	Ritzel	18	Zylinderrollenlager
5	Abschlussdeckel	12	Stirnrad	19	Radial -Wellendichtring
6	Abschlussdeckel	13	Axial -Rillenkugellager	20	Radial -Wellendichtring
7	Antriebs -Ritzelwelle	14	Rillenkugellager		

Abb. 5.2 Zweistufiges Stirnradgetriebe

Energiefluss

Kupplung (nicht dargestellt) – Passfeder – Antriebs-Ritzelwelle 7 – Ritzel der Antriebs-welle 7 – Stirnrad 10 – Passfeder – Zwischenwelle 8 – Passfeder – Ritzel 11 – Stirnrad 12 – Passfeder (fehlt!) – Abtriebswelle 9 – Passfeder – Kupplung (nicht dargestellt).

Konstruktionsfehler

- **Teilfunktion Stützbereich**
    - Antriebswelle: Axial-Rillenkugellager 13 ist falsch, muss Radial-Rillenkugellager sein.
    - Zwischenwelle: Schrägkugellager in falscher Anordnung, muss X-Anordnung sein. Einige Axialsicherungen der Lager sind überflüssig.
    - Abtriebswelle: Beim Festlager Rillenkugellager 17 fehlt am Außenring links die Axialsicherung, z. B. durch Buchse zwischen Rillenkugellager 17 und Abschluss-deckel 6.
- **Energiefluss**
    - Drehmoment ist zwischen Stirnrad 12 und Abtriebswelle 9 wegen fehlender Pass-feder nicht übertragbar.
- **Baustruktur**
    - Zwischenwelle 8: Lagersitz für Schrägkugellager 16 ist durch Wellennut zu schmal.
    - Deckel am Abtrieb hat falsche Positionsnummer 7, die bereits für die Antriebs-Ritzelwelle vergeben ist.
    - Dichtungen:
    Wellendichtring 19 ist im geschlossenen Abschlussdeckel 3 unnötig, gehört in De-ckel 2.
    Wellendichtring 20 ist falsch eingebaut, seine Dichtwirkung muss nach innen ge-richtet sein.
- **Montage**
    - Fehlende Lagesicherung zwischen Gehäuse-Unterteil 1 und (nicht dargestelltem) Oberteil.
    - Abtriebswelle 9 und Stirnrad 10 berühren sich.
    - Stirnrad 12 ist zwischen Absätzen der Abtriebswelle 9 nicht montierbar.

Beim Beispiel **Einstufiges Stirnradgetriebe** in Abb. 5.3 ist ein gravierender Konst-ruktionsfehler nicht sofort erkennbar.

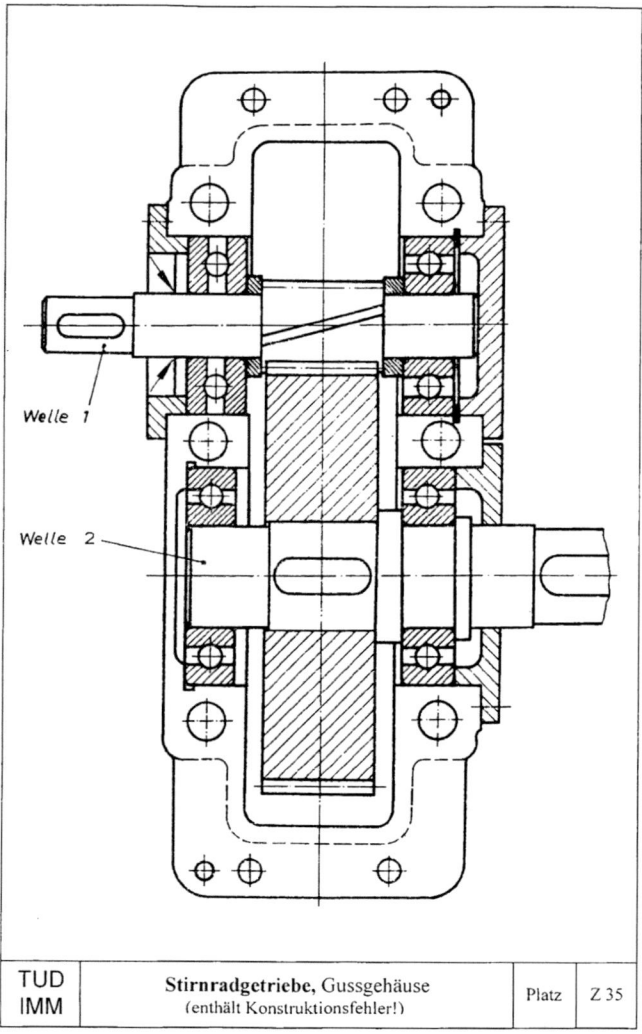

| TUD | **Stirnradgetriebe,** Gussgehäuse | Platz | Z 35 |
| IMM | (enthält Konstruktionsfehler!) | | |

Abb. 5.3 Einstufiges Stirnradgetriebe

Hauptfunktion

Die Hauptfunktion des Getriebes „Drehzahl/Drehmoment wandeln" ist erfüllt:

   (Antriebs-)Welle 1 mit integriertem kleinem Ritzel, (Abtriebs-)Welle 2 mit großem Stirnrad

   Übersetzungsverhältnis: $i = \frac{z_2}{z_1} > 1$, somit $n_2 = \dfrac{n_1}{i} < n_1$; $M_{t2} = i \cdot M_{t1} > M_{t1}$

Teilfunktion Stützbereich

Welle 1: Es handelt sich um eine Stützlagerung. Allerdings wurde für das linke Lager die falsche Lagerart gewählt, ein Axial-Rillenkugellager DIN 711. Vorzusehen ist aber ein Radial-Rillenkugellager DIN 625.

Welle 2: Es handelt sich auch um eine Stützlagerung, hier mit zwei Radial-Rillen-kugellagern, allerdings fehlerhaft (s. Baustruktur).

Die Teilfunktion Stützbereich weist offensichtliche Konstruktionsfehler auf.

Energiefluss
Kupplung (nicht dargestellt) – Passfeder Welle 1 – Welle 1 (Antriebswelle) – Ritzel von Welle 1 – Stirnrad auf Welle 2 – Passfeder – Welle 2 (Abtriebswelle) – Passfeder rechts Welle 2 – Kupplung (nicht dargestellt).

Der Energiefluss ist prinzipiell gegeben.

Baustruktur
Welle 1:

- Beim linken Lager fehlt die axiale Sicherung des Innenrings rechts.
- Das rechte Wellenende berührt den Deckel.

Welle 2:

- Das rechte Lager ist nicht montierbar, weil es zwischen zwei Wellenbünden sitzt.
- Im Deckel fehlt ein Wellendichtring DIN 3760 analog zum Deckel von Welle 1.

Bei der Baustruktur treten ebenfalls offensichtliche Konstruktionsfehler auf.

Zur Klärung des noch unerkannten gravierenden Konstruktionsfehlers dienen folgende Fragen:

1. Welches Drehmoment kann über die Passfederverbindung Kupplung/Welle 1 in die Welle 1 eingeleitet werden?
2. Welches Drehmoment wird infolge der Getriebeübersetzung in die Welle 2 eingeleitet?
3. Ist dieses Drehmoment über die Passfederverbindung Stirnrad/Welle 2 auf die Welle 2 übertragbar? Welche Länge müsste die Passfeder zwischen Stirnrad und Welle 2 haben, um dieses Drehmoment weiterleiten zu können?
4. Welche Länge müsste die Passfeder am Wellenende der Welle 2 haben, wenn das laut 2 oder 4 mögliche Drehmoment übertragen werden soll?

Berechnungsbeispiel

Welle 1 Antrieb: $d_1 = 30$ mm

   Passfeder $l = 36$ mm; $b = 8$ mm; $h = 7$ mm; $t_1 = 4$ mm;

   Ritzel $z_1 = 12$
Welle 2 Zahnradsitz: $d_2 = 60$ mm

   Passfeder $l = 50$ mm; $b = 18$ mm; $h = 11$ mm; $t_1 = 7$ mm;

Stirnrad $z_2 = 60$

Zulässige Flächenpressung für Stahl, Beanspruchung einseitig, ruhend [2]:
$p_{zul} = 120$ N/mm^2

1. Antriebsdrehmoment:
   $M_{t1} = \frac{1}{2} \cdot p_{zul} \cdot d_1 \cdot (h - t_1) \cdot (l- b) = \frac{1}{2} \cdot 120 \cdot 30 \cdot (7-4) \cdot (36-8) = 156{,}2$ Nm
2. Einleitungsdrehmoment in Welle 2
   $M_{t2} = \frac{z_2}{z_1} \cdot M_{t1} = \frac{60}{12} \cdot 156{,}2 = 781$ Nm
3. Erforderliche Länge der Passfeder Stirnrad – Welle 2
   $l_{erf} = \frac{2M_{t2}}{p_{zul}d_2(h-t_1)} + b = \frac{2\,781000}{120\,60(11-7)} + 18 = 54{,}2 + 18 = 62{,}2$ mm

   $l = 63$ mm gewählt > 50 mm!
   Diese Länge entspricht der Empfehlung der vom Autor ausgearbeiteten Tabelle „Welle-Nabe-Verbindungen – Übersicht und Berechnung" in [3]:
   $\frac{l_{Passfeder}}{d_{Welle}} = 1 \ldots 1{,}3$

4. Erforderliche Länge der Passfeder am Wellenende Welle 2
   $d_2 = 50$ mm; b = 14 mm; h = 9 mm; $t_1 = 5{,}5$ mm
   $l_{erf} = \frac{2\,781000}{120\,50(9-5{,}5)} + 14 = 74{,}4 + 14 = 88{,}4$ mm

   $l = 90$ mm *gewählt*

Fazit

Der gravierende Konstruktionsfehler ist die Unterdimensionierung der Passfederlänge Stirnrad – Welle 2.

Die ausgeführte Länge 50 mm kann nur folgendes Drehmoment übertragen:
$M_{t2} = \frac{1}{2} \cdot p_{zul} \cdot d_2 \cdot (h - t_1) \cdot (l- b) = \frac{1}{2} \cdot 120 \cdot 60 \cdot (11-7) \cdot (50-18) = 460{,}8$ Nm
Über die Getriebeübersetzung i = 5 werden jedoch 781 Nm in Welle 2 eingeleitet, wofür eine Passfederlänge von 63 mm benötigt wird.

Des Weiteren wären noch die für die jeweiligen Drehmomente erforderlichen Wellendurchmesser d_1 und d_2 sowie die Verzahnungen des Ritzels Welle 1 und des Stirnrades zu überprüfen.

Überschlägige Wellendurchmesser

Zulässige Torsionsspannung für E 295 [4]:
$\tau_{tzul} = 14 \ldots 18$ N/mm^2

Die zulässige Torsionsspannung wird so niedrig angesetzt, dass die vernachlässigte Biegespannung mit berücksichtigt wird, ebenso Spannungserhöhungen durch Stoßkräfte, Kerben und Querschnittsübergänge.

Welle 1: $d_{1,\ddot{u}b} = \sqrt[3]{\frac{5M_{t1}}{\tau_{zul}}} = \sqrt[3]{\frac{5 \cdot 156200}{18}} = \sqrt[3]{43389} = 35{,}1$ mm > 30 mm

Welle 2: $d_{2,\ddot{u}b} = \sqrt[3]{\frac{5M_{t2}}{\tau_{zul}}} = \sqrt[3]{\frac{5 \cdot 781000}{18}} = \sqrt[3]{216944} = 60{,}1$ mm = 60 mm

Fazit

Auch der Durchmesser der Welle 1 wurde nicht ausreichend dimensioniert!

5.2 Montage

Fehlerhafte Montage von Bauteilen oder Komponenten zu einer Baugruppe kann zu Funktions- oder Sicherheitsproblemen führen.

Typische Fehler

- Ungenaue Montageanweisungen
- Ungenügende Ausbildung oder Erfahrung des Montagepersonals
- Ungenügende Beachtung der Lastzustände
- Fehlende oder falsche Werkzeuge
- Nicht kompatible oder fehlerhafte Bauteile
- Falsche Anordnung oder Ausrichtung von Bauteilen (z. B. nicht korrekter Eingriff von Zahnrädern)
- Übermäßige Belastung von Bauteilen (z. B. beim Spannen)
- Lockere Verbindung von Bauteilen (z. B. Schrauben nicht korrekt angezogen)

Ein markantes Beispiel zur ungenügenden Beachtung der Lastzustände trat bei einer Stahlbeton-Fußgängerbrücke bei Miami auf.

Die Brücke sollte einen sicheren Übergang über eine siebenspurige Straße zwischen der Stadt Sweetwater mit Wohnheimen für Studentinnen und Studenten und dem Campus der Florida International University Miami herstellen und war für eine Lebensdauer von 100 Jahren ausgelegt.

Mitte März 2018 war sie von der Montageposition neben der Straße in die endgültige Position über der Straße eingeschwenkt worden (Abb. 5.4).

Abb. 5.4 Fußgängerbrücke nach Einschwenken in die Endposition. (Aus [1]; mit freundlicher Genehmigung vom National Transportation Safety Board Washington DC)

Nur 5 Tage später sackte die Brücke plötzlich in ganzer Länge von etwa 53 Metern zusammen und fiel auf die darunterliegende Straße. Dabei begrub sie 8 Autos unter sich (Abb. 5.5).

Abb. 5.5 Fußgängerbrücke bei Miami – Einsturz. (Aus [1]; mit freundlicher Genehmigung vom National Transportation Safety Board Washington DC)

Schadensursache

Nach dem Einschwenken sollte die Brücke mit Stahlseilen an einem Turm aufgehängt werden, der zum Zeitpunkt des Unglücks aber noch nicht fertiggestellt war.

Dieser Montagezustand wurde offensichtlich nicht berücksichtigt, sodass das Eigengewicht von 950 Tonnen zum Einsturz führte.

Schon zwei Tage vor dem Einsturz gab es eine Warnung per Telefon, es gebe Risse in der Konstruktion. Doch die Nachricht auf dem Anrufbeantworter blieb ungehört.

Die Ermittlungen ergaben, dass das Unternehmen, das die Konstruktion prüfen sollte, vom Transportministerium nicht qualifiziert war!

Ein Beispiel zur falschen Anordnung von Bauteilen zeigt das Kegelradgetriebe in Abb. 5.6.

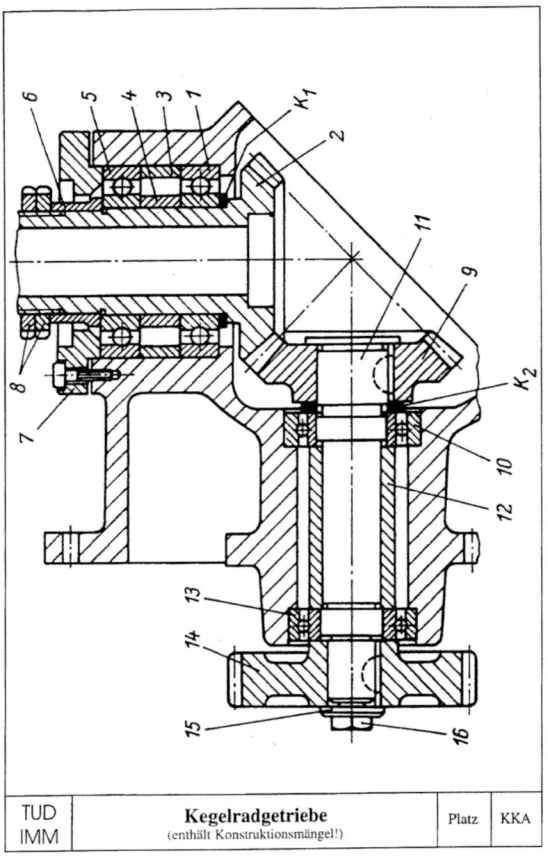

| TUD IMM | **Kegelradgetriebe** (enthält Konstruktionsmängel!) | Platz | KKA |

Einzelteile:

1	Rillenkugellager	7	Deckel	13	Rillenkugellager
2	Ritzelwelle	8	Nutmutter	14	Stirnrad
3	Distanzbuchse	9	Kegelrad	15	Scheibe
4	Distanzbuchse	10	Rillenkugellager	16	Sechskantschraube
5	Rillenkugellager	11	Welle	K_1	Kompensationsteil
6	Distanzbuchse	12	Distanzbuchse	K_2	Kompensationsteil

Abb. 5.6 Kegelradgetriebe

Hauptfunktion

Bewegungsübertragung zwischen nichtparallelen, winklig zueinanderstehenden Wellen, hier unter 90°, deren Achsen einen gemeinsamen Schnittpunkt besitzen.

Teilfunktion Stützbereich

Welle 2 ist mit zwei Radial-Rillenkugellagern 1 und 5 im Gehäuse gelagert, allerdings in Fest-Festlager-Anordnung.

Welle 11 ist ebenfalls mit zwei Radial-Rillenkugellagern im Gehäuse gelagert. Offensichtlich war eine Stützlager-Anordnung vorgesehen, allerdings wird diese durch die Distanzbuchse 12 überbestimmt, die also wegzulassen ist.

Energiefluss

Kupplung (nicht dargestellt) – Ritzelwelle 2 (Wellenende mit Übertragungselement nicht dargestellt) – Kegelritzel der Ritzelwelle 2 – Kegelrad 9 – Scheibenfeder – Welle 11 – Scheibenfeder – Stirnrad 14 – Stirnrad des Anwendungsmoduls (nicht dargestellt).

Montage

Die Montage beider Wellen ist nur möglich, indem zuerst die Ritzelwelle 2 eingefügt wird, danach das Rillenkugellager 10 eingelegt, das Kompensationsteil K2 und das Kegelrad 9 aufgelegt werden und durch die Gehäusebohrung die Welle 11 eingefädelt wird.

Sowohl Ritzelwelle 2 als auch Welle 11 sind nicht als vormontierbare Unterbaugruppen ins Gehäuse einzufügen.

Bei Ritzelwelle 2 verhindern dies die zu kleine Gehäusebohrung und der Bohrungsabsatz.

Bei Welle 11 ist ebenfalls die Gehäusebohrung zu klein.

Die Justierung des Kegelrad-Eingriffs ist praktisch nicht möglich, da die Kompensationsteile K_1 und K_2 nicht zugänglich sind.

Lösungsvorschlag

Abb. 5.7 zeigt eine montagegerechtere Variante für dieses Kegelradgetriebe.

Abb. 5.7 Kegelradgetriebe – montagegerecht

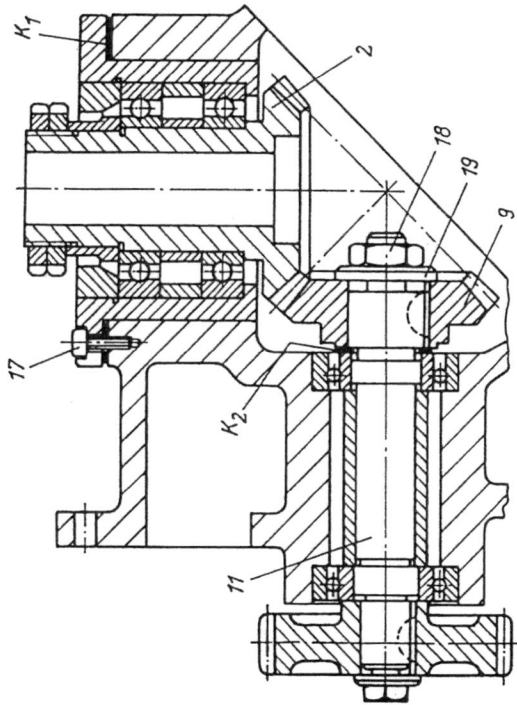

Konstruktionsänderung

Zuerst wird die Welle 11 montiert. Dazu wurde der Bund am oberen Wellenende entfernt und durch einen Gewindeabsatz ersetzt, auf den eine Sechskantmutter als Axialsicherung geschraubt wird.

Die vormontierte Unterbaugruppe Ritzelwelle 2 wird in einer zusätzlich eingefügten Z-Buchse gelagert, die in die nunmehr größere Gehäusebohrung eingefügt werden kann.

Die Justierung des Kegelrad-Eingriffs wird durch das versetzte Kompensationsteil K_1 und das besser zugängliche Kompensationsteil K_2 möglich.

Verbleibende Mängel

Da der Lagerabstand bei der Ritzelwelle 2 sehr klein ist, sodass nur geringe Axial-dehnungen auftreten, wurde die Fest-Festlager-Anordnung beibehalten. Dies wird bei Drehmaschinen- und Frässpindeln mit geringen Drehzahlen eingesetzt.

Die Umkonstruktion zu einer Fest-Los-Lager- oder Stützlager-Anordnung ist relativ aufwendig.

Bei Welle 11 ist die Stützlager-Anordnung durch Weglassen der inneren Distanz-buchse 12 realisierbar.

5.3   Zeichnungsausführung

Eine **Technische Zeichnung** ist ein grafisches Dokument, das die für die Herstellung eines Einzelteils, die Montage zu einer Baugruppe, einer Maschine oder einer technischen Anlage erforderlichen Informationen enthält. Sie dient auch der technischen Produktdokumentation.

DIN 199 definiert: „Eine Technische Zeichnung ist eine Zeichnung in der für technische Zwecke erforderlichen Art und Vollständigkeit, z. B. durch Einhaltung von Darstellungsregeln und Maßeintragungen."

Sie ist die Grundlage für die Kommunikation der Konstrukteure mit den Herstellern und Technikern.

Merkmale zur Ausführung von Zusammenbau- und Einzelteilzeichnungen wurden in den Abschn. 3.5 und 4.1 behandelt.

Die Einzelteilzeichnung wird benutzt für die

- Darstellung des Einzelteils
- Fertigungsplanung
- Beschaffung des Materials
- Formgebung des Bauteils als Hauptteil der Fertigung
- eventuelle Wärmebehandlung (z. B. Härten)
- eventuelle Oberflächenbehandlung (z. B. Lackieren)
- Endkontrolle

Die Zusammenbauzeichnung wird benutzt für die

- Darstellung der Baugruppe
- Montageplanung und -anleitung
- Überprüfung auf Passgenauigkeit beim Zusammenwirken der Bauteile
- Ersatzteilidentifikation

Nachfolgend werden Beispiele mit Zeichnungsmängeln analysiert.

Abb. 5.8 zeigt die Baugruppe eines Antriebsstrangs, bestehend aus einer elastischen Kupplung (zum Ausgleichen) und einer **Lamellenkupplung** (zum Schalten).

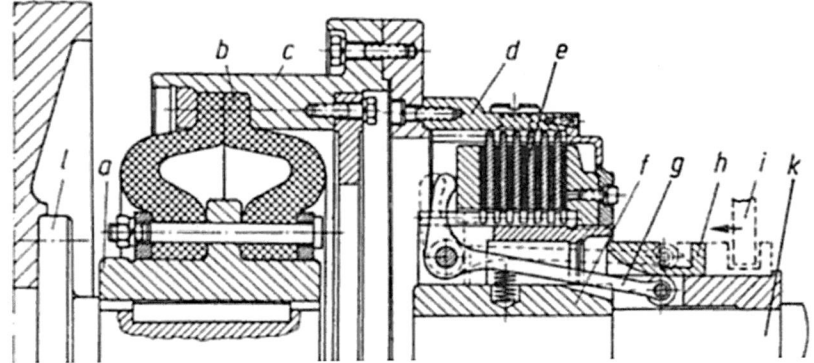

Abb. 5.8 System elastische Kupplung – Lamellenkupplung [5]

Schaltvorgang

Mittels Schiebemuffe h (betätigt durch die Schaltgabel i) wird der Druckhebel g gegen das Lamellenpaket e gedrückt (Schaltkraft in Normalkraft wandeln). Das Drehmoment, das von der Welle l über die elastische Kupplung a-b-c in das Gehäuse d der Lamellen-kupplung eingeleitet wird, wird nun von den Außenlamellen über Reibung (durch die Normalkraft) an die Innenlamellen übertragen, von dort an das Innenteil f und weiter über die Passfeder an die Welle k.

Mangel

Bei der Zeichnungserstellung ist offensichtlich ein Zeichenfehler passiert.

Denn Innenteil f muss 1 Teil zwischen der Welle k und den Innenlamellen sein, ist aber verschieden schraffiert, was ein Merkmal für verschiedene Teile ist.

Auf diesen Fehler stößt man unweigerlich bei der Analyse des Kraftflusses.

Abb. 5.9 zeigt einen **Gegenhalter** als Positioniervorrichtung.

Abb. 5.9 Gegenhalter

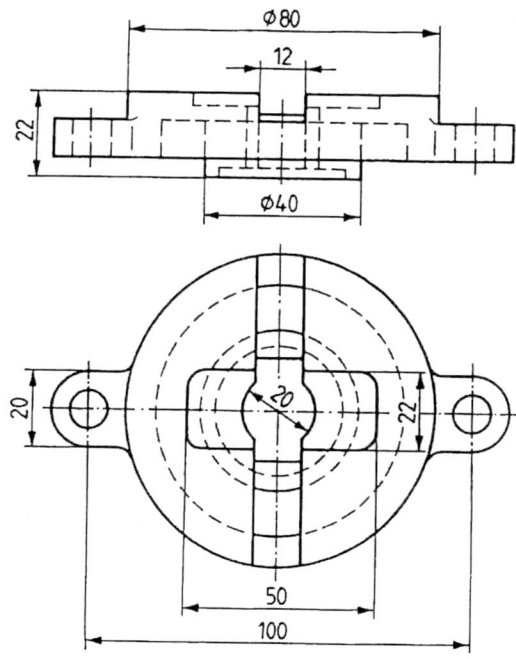

Mängel

- Die Darstellung ist nicht eindeutig – unklar ist die Gestalt der Längsnut.
  Zur eindeutigen Darstellung ist eine dritte Ansicht erforderlich.
- Die Darstellung ist nicht klar verständlich – die Gestalt ist durch die vielen
- verdeckten Kanten schwer zu erfassen.
  Zur besseren Verständlichkeit ist eine Schnittdarstellung erforderlich.
- Die Bemaßung ist nicht vollständig.

Abb. 5.10 zeigt eine verbesserte Lösung. Zur Vereinfachung werden nicht zwei Schnitte ausgeführt, sondern ein abgewinkelter Schnitt.

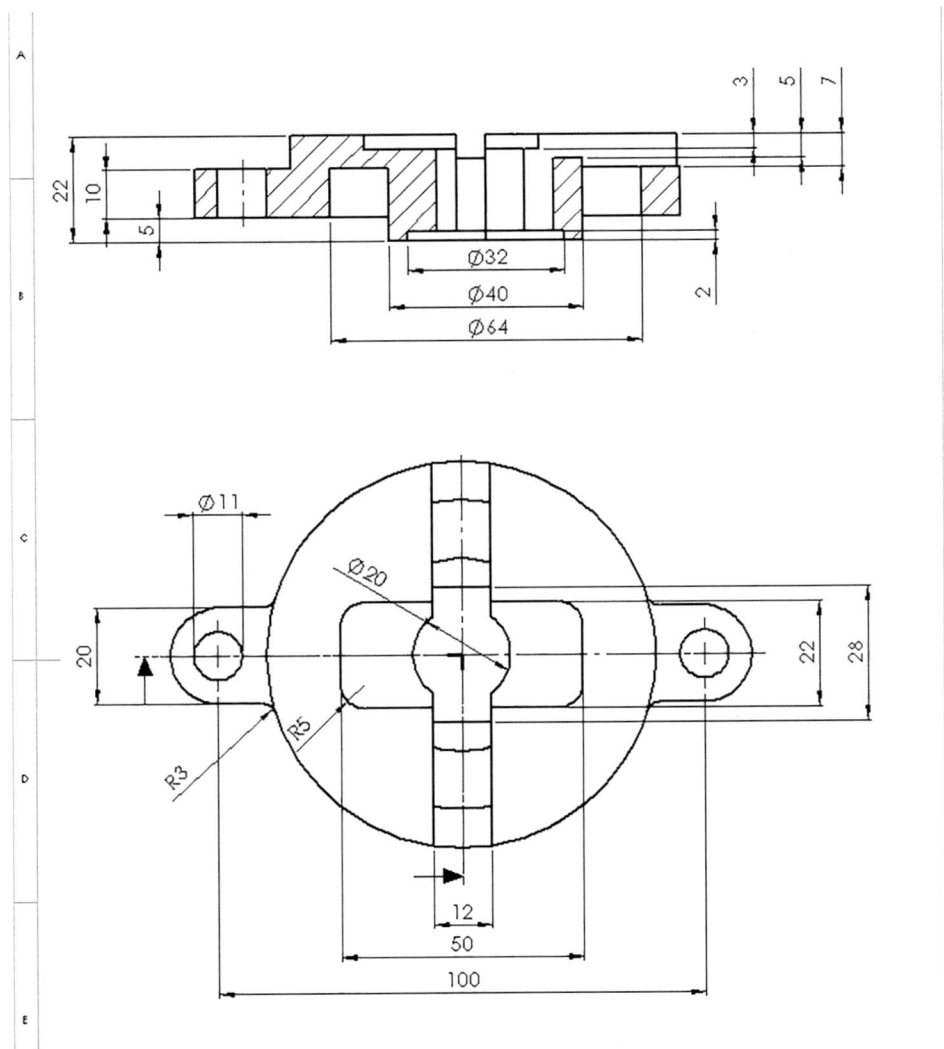

Abb. 5.10 Gegenhalter, verbessert

Beispiel **Einzelteil Welle** in Abb. 5.11 der Baugruppe „Zwischentrieb" in Abb. 4.53 (Absch. 4.5 Gestaltung).

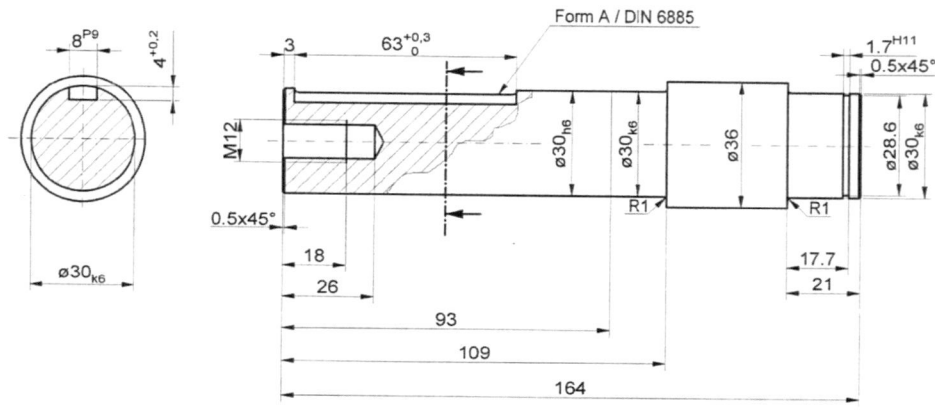

Abb. 5.11 Zwischentrieb – Welle 4001-02

Mängel

- Im Schnitt ist der äußere Durchmesser $\varnothing$ 36 nicht sichtbar.
- $\varnothing$ 30 k6 ist sowohl in der Hauptansicht als auch im Schnitt bemaßt, im Schnitt wäre $\varnothing$ 30 h6 zutreffend.
- Beim Innendurchmesser der Sicherungsringnut fehlt die Toleranz h12 (DIN 471).
- Die Breite der Sicherungsringnut ist 1,6 H13 (DIN 471).
- Beim Abstand der Sicherungsringnut vom Wellenabsatz (Funktionsmaß) tritt ungünstiges Spiel auf, zudem fehlt die Toleranz.
  Mit Mindestspiel Null ist folgende Bemaßung sinnvoll:
  Breite des Rillenkugellagers DIN 625–6206: $B = 16^{0}_{-0,12}$
  Dicke des Sicherungsrings DIN 471–30 × 1,5: $s = 1,5^{0}_{-0,06}$
  Funktionsmaß: $l_{min} = 16 + 1,5 = 17,5$ mm
  Maßangabe (Beispiel mit gewählter Toleranz): $17,5^{+0,2}_{0}$ oder 17,5 H12

Literatur

1. Pedestrian Bridge Collapse Over SW 8th Street, Miami, Florida. National Transportation Safety Board Washington DC (2018)
2. Decker, K.: Maschinenelemente. Hanser 21. Aufl. (2023)
3. Arbeitsheft Konstruktionslehre – Maschinenelemente. Technische Universität Dresden, Institut für Maschinenelemente und Maschinenkonstruktion (2024)
4. Niemann, G.; Winter, H.; Höhn, R.; Stahl, K.: Maschinenelemente. Springer 5. Aufl. (2019)
5. Pahl, G. und Beitz, W.: Konstruktionslehre, Methoden und Anwendung erfolgreicher Produktentwicklung. Springer 9. Aufl. (2021)

Zeitfracht Medien GmbH
Ferdinand-Jühlke-Straße 7
99095 Erfurt, Deutschland
produktsicherheit@kolibri360.de